Svenja Hofert · Uta Nommensen
Wiedereinstieg in den Beruf

Svenja Hofert · Uta Nommensen

Wiedereinstieg in den Beruf

Berufsbilder und Stellensuche
Bewerbung und Vorstellungsgespräch
Weiterbildung und staatliche Förderung

Bibliografische Information der Deutschen Nationalbibliothek
Die Deutsche Nationalbibliothek verzeichnet diese Publikation in der Deutschen National-
bibliografie; detaillierte bibliografische Daten sind im Internet über http: // dnb.ddb.de abrufbar.

ISBN 978-3-86910-758-5

Dieses Buch gibt es auch als E-Book: ISBN 978-3-86910-934-3

Die Autorinnen: Svenja Hofert ist Karriereberaterin in Hamburg (www.karriereundentwick-
lung.de), erfolgreiche Buchautorin und Mutter. Uta Nommensen arbeitet als PR-Fachfrau und
Wiedereinsteigsberaterin. Sie hat umfangreiche Erfahrungen mit beruflicher Neuorientierung
und ist ebenfalls Mutter.

Originalausgabe

© 2010 humboldt
Ein Imprint der Schlüterschen Verlagsgesellschaft mbH & Co. KG,
Hans-Böckler-Allee 7, 30173 Hannover
www.schluetersche.de
www.humboldt.de

Covergestaltung: DSP Zeitgeist GmbH, Ettlingen
Innengestaltung: akuSatz Andrea Kunkel, Stuttgart
Titelfoto: Getty Images / Brigitte Sporrer, Christine Schneider
Satz: PER Medien+Marketing GmbH, Braunschweig
Druck: Grafisches Centrum Cuno GmbH & Co. KG, Calbe

Hergestellt in Deutschland.
Gedruckt auf Papier aus nachhaltiger Forstwirtschaft.

Inhalt

Vorwort

Liebe Leserin und lieber Leser,

eigentlich erstaunlich: Nur ein knappes Viertel der Frauen kehrt nach der Elternzeit in die alte Firma zurück, die meisten suchen sich also etwas anderes und starten neu durch. Die Zahlen der neu startenden Männer hat noch niemand ermittelt, doch die Erfahrung sagt, dass es hier ganz genauso ist. Nach der beruflichen Pause suchen viele einen neuen beruflichen Einstieg. Genau Sie, den Wiedereinsteiger, sprechen wir an!

Für den Wiedereinstieg bleibt Ihnen immer weniger Zeit. Das hat mit zwei Dingen zu tun: Zum einen sind Jobs, vor allem gut bezahlte, ein rares Gut geworden. Keine Stelle, auch die des gut verdienenden Ehepartners, ist wirklich sicher. In vielen Bereichen verfallen die Gehälter. Selbst Bürojobs sind nicht mehr so leicht zu finden, wenn Arbeitgeber immer höhere Anforderungen an die Ausbildung und Berufserfahrung stellen.

Zum anderen ist da das neue Unterhaltsrecht als zweite Triebfeder für den Wiedereinstieg. Auf die Versorgung durch die Institution Ehe kann Frau und auch Mann sich nicht mehr verlassen. Die Lebensumstände können sich innerhalb weniger Jahre, manchmal binnen Wochen, nach einer Trennung völlig drehen.

Was die veränderte Arbeitswelt in Kombination mit dem neuen Unterhaltsrecht und einem sich wandelnden Bewusstsein bewirkt, ist offensichtlich: Waren in der Schule meines Sohnes Leander vor einem Jahr noch 20 Kinder für die Nachmittagsbetreuung angemeldet, sind es ein Jahr später 40. Und das in einem kleinen Dorf, in dem Hausfrauenehen vor Kurzem noch die Regel waren. Kurzum:

Wiedereinstieg ist ein Thema, das immer schneller auf den Tisch kommt und zunehmend auch für jene Frauen und Männer wichtig wird, die eigentlich immer nur Zuverdienerin oder Zuverdiener sein oder bleiben wollten.

Mit diesem Buch wollen wir Frauen – und ausdrücklich auch Männern! –, die einen gelungenen zweiten Start ins Berufsleben hinlegen möchten, einen hilfreichen, konkreten und praktischen Ratgeber liefern. Wir sagen, was möglich ist – und wo Grenzen sind. Uns ist wichtig, die Realität zu zeigen. Viele Bücher für Wiedereinsteigerinnen sind reine Motivationstrainings mit geringem praktischem Wert. Wir wollen die Wiedereinstiegswelt so zeigen, wie sie ist. Mit all ihren wunderbaren Chancen und Möglichkeiten, aber auch mit den Grenzen und den Anforderungen, die sie an Frauen wie Männer stellt, die auf den ersten Blick nur eine „Lücke im Lebenslauf" haben.

Mit einem Aufbautraining machen wir Sie fit für die nächsten Schritte. Anschließend stellen wir berufliche Möglichkeiten vor und Alternativen zur Angestelltentätigkeit in der neben- oder hauptberuflichen Selbstständigkeit. Sie erhalten einen Überblick über Alternativen durch Weiterbildung, Umschulung oder Eigeninitiative. Einen Schwerpunkt stellen Berufsbilder dar, die wir speziell für Wiedereinsteiger ausgewählt haben, weil sie entweder besonders gute berufliche Chancen bieten oder sich nach einer Pause besonders leicht erschließen lassen.

Unter den Steckbriefen von Berufen für Wiedereinsteiger finden Sie vielleicht auch den für Sie passenden Job. Wir sagen dabei bewusst „passend" und versprechen keine Traumjobs. Die gibt es nämlich genauso wenig wie Traummänner und -frauen.

Sie erfahren, wie Sie „nebenbei" Berufserfahrung gewinnen können. Wir machen Ihnen Ihre Stärken bewusst und zeigen, wie Sie den Weg zum Job finden – mit Networking, Jobsuche und einer lückentauglichen Bewerbung.

Starten Sie neu – viel Erfolg dabei!
Svenja Hofert und Uta Nommensen

P.S.: Wir richten uns an Leserinnen und Leser, verzichten aber auf die durchgängige Nutzung der weiblichen Form.

Bestimmen Sie Ihren Standort

Sie wollen wiedereinsteigen. Doch von welcher Ausgangssituation aus? Was sind Ihre persönlichen Rahmenbedingungen und vor allem: Ihre Motivatoren? Auf den nächsten Seiten stellen wir Ihnen verschiedene Wiedereinsteigertypen vor.

Welcher Typ sind Sie? Die Einordnung gibt Aufschluss darüber, was Sie wollen und welches Ihre Motivatoren sind. Welche Auswirkungen das auf Ihre beruflichen Entscheidungen hat, lesen Sie am Ende der jeweiligen Typologie.

Der Familie-hat-Priorität-Typ (FPT)

Sabine war immer klar, dass Kinder zuerst kommen. Wenn Sie einen neuen Job sucht, soll dieser nicht der Mittelpunkt des Lebens sein, sondern einfach etwas Bestätigung außerhalb der Familie bieten – und die Haushaltskasse aufbessern.

Sie haben sich während der Elternzeit und vielleicht auch danach Ihren Kindern und der Familie gewidmet und Ihre eigenen beruflichen Interessen hintangestellt. Sie haben das gerne getan. Doch nun möchten Sie wieder ins Arbeitsleben einsteigen. Sie möchten ein „rundes" Leben führen mit Familie, Kindern und Job. So wie 75 Prozent aller Frauen hierzulande. Das Ziel ist klar: Ein Job, der sich mit Ihrer Lebenssituation verbinden lässt – nicht ein Job, dem sich alles andere unterzuordnen hat.

Der Wiedereinstieg ist für Frauen wie Sie, die eine ganze Weile ausgesetzt haben, meist ein längerer Prozess. Er beginnt damit, dass Sie einmal in Ruhe Ihr Leben betrachten, Ihre Kenntnisse resümieren und schauen, wo Sie auf dem Arbeitsmarkt stehen.

Fragen Sie sich:

- Wie und wie lange sind die Kinder betreut?
- Wie kooperativ ist Ihr Partner?
- Wie viel Zeit möchten Sie mit Ihrer Familie verbringen?
- Wie viel Zeit darf der Job kosten?
- Wie flexibel können Sie sein?
- Wie groß ist Ihr regionaler Radius?
- Möchten Sie im alten Beruf bleiben oder sich neu orientieren?
- Wenn letzteres: Wie viel Zeit darf die Neuorientierung kosten – und wie viel Geld die damit meist verbundene Weiterbildung?
- Welche Motivation treibt Ihren Wunsch (wieder) zu arbeiten?
- Wie stellen Sie sich Ihre künftige Arbeit vor? (Wenn Sie etwas dazu erfahren möchten, machen Sie den Test „Was für ein Jobtyp sind Sie?")
- Was soll die Arbeit Ihnen bieten?
- Und: Was sind Sie bereit zu geben? Wie sehr können und möchten Sie sich reinhängen?

Die Antworten auf diese Fragen können nicht detailliert genug sein. Schreiben Sie sie sich auf. Klären Sie mit Hilfe dieses Buches, ob Ihre Wünsche realistisch sind. Bedenken Sie dabei, dass ein Zauberwort der Arbeitswelt von heute „Flexibilität" heißt. Wenn Plan A nicht klappt, kommt vielleicht Plan B zum Tragen. Wenn Sie den Job nicht in Ihrem Heimatort finden, nehmen Sie in Kauf, dass Sie eine halbe Stunde fahren müssen. Und wenn das nur für die ersten zwei Jahre nach der Auszeit so ist: Kompromisse erleichtern den Wiedereinstieg sehr.

Was das für Sie bedeutet

Fragen Sie sich zunächst, ob Sie Ihre Flexibilität erhöhen können, zum Beispiel, indem Sie eine Babysitterin engagieren oder eine Nachbarin gewinnen können, die Ihre Kinder regelmäßig oder ab und zu von Kita oder Schule abholen können. Kann Ihr Partner seinen Job herunterfahren und zum Beispiel nur noch 80 Prozent arbeiten? Das ist öfter möglich, als Sie denken – die meisten Frauen trauen sich nur nicht darum zu bitten. Und die meisten Männer wagen nicht, in Ihrer Firma nach Elternzeit zu fragen.

Wenn sich die Flexibilität nicht erhöhen lässt oder Sie dies nicht wollen: Suchen Sie nach Jobs, die einen eindeutigen zeitlichen Rahmen von Ihnen verlangen und nichts darüber hinaus. Diese Jobs sind in der Übersicht mit FPT gekennzeichnet.

Aber, da sollten Sie sich nichts vormachen: Es sind oft entweder Verwaltungstätigkeiten oder (im Vergleich zu den Flexi-Jobs) schlechter bezahlte Tätigkeiten.

Die Umsteigerin/der Umsteiger (U)

Sie möchten möglichst bald wieder arbeiten, doch nicht im alten Beruf. Sie suchen den Umstieg – so wie Diana.

Vor der Geburt ihres Sohnes war die 39-Jährige als Krankenschwester tätig. Aus ihrem alten Beruf möchte sie aussteigen: „Die anstrengende Schichtarbeit kann ich nicht mit meinem Familienleben vereinbaren", sagt Diana. Sie wünscht sich einen beruflichen Neuanfang.

Wenn Frauen wie Diana nach Ihrer Elternzeit nicht an ihren alten Arbeitsplatz zurückkehren, ist das der Normalfall. Nur etwa ein Viertel der Wiedereinsteigerinnen kehrt in den früheren Job zurück. Für Männer liegen, wie bereits erwähnt, leider keine Zahlen vor, aber vermutlich ist das bei ihnen nicht anders. Gehören Sie auch zu diesen Frauen oder Männern? Vielen von Ihnen war sicherlich schon während der Schwangerschaft klar, dass Ihre Firma Ihnen als berufstätige Mutter oder „karriereverweigernder" Vater keine Zukunft bietet. Das mag wie bei Diana mit ungünstigen Arbeitszeiten, mit weiten Anfahrtswegen oder fehlenden Möglichkeiten zur Teilzeitarbeit zusammenhängen. Vielleicht haben Sie auch länger als drei Jahre ausgesetzt, sodass Sie den Anspruch auf Wiederbeschäftigung verloren haben.

Vielleicht sind Sie mit Erleichterung in die Elternpause gegangen, froh darüber, dem ungeliebten Arbeitsalltag endlich entronnen zu sein. Dieses „Schicksal" teilen Sie mit nicht wenigen anderen Menschen. Nach einigen Jahren, in denen Sie komplett ins Familienleben abtauchten, beschäftigt Sie jetzt zunehmend die Frage, wie Sie wieder im Berufsleben Fuß fassen können. Für Sie ist es deshalb besonders wichtig, sich klar zu werden, wie und wo Sie arbeiten möchten und gegebenenfalls auch den beruflichen Neueinstieg zu suchen – um mehr berufliche Zufriedenheit zu erlangen.

Welche Gründe auch immer gegen den alten Job sprechen: Sie können oder wollen nicht in Ihren alten Beruf zurück.

Ihre Leitfragen sind:
- Was mache ich wirklich gern?
- Was kann ich gut? Fragen Sie auch andere, was diese in Ihnen sehen und wo Sie Stärken erkennen!
- Mit welchem Thema möchte ich mich intensiv beschäftigen?
- Was motiviert mich?

Was das für Sie bedeutet

Klären Sie, was Sie wirklich wollen. Welche Kenntnisse, Fähigkeiten und Interessen haben Sie? Wo und in welchem Beruf könnten Sie diese einsetzen? Informieren Sie sich über Berufsbilder, von denen Sie viele in diesem Buch finden. Hören Sie sich aber auch im Bekanntenkreis um und sprechen Sie darüber, was andere Menschen beruflich tun. Auch darüber können Sie auf neue Ideen zum beruflichen Wiedereinstieg kommen.

Die Vielleicht-Rückkehrerin/ der Vielleicht-Rückkehrer (VR)

Ja, Ihr Job ist eventuell nicht so super. Sie könnten, ohne unglücklich zu werden, auf ihn verzichten. Aber wenn es jetzt noch nicht zu spät ist, überlegen Sie mal, ob es taktisch nicht klüger wäre, erst einmal zu halten, was Sie haben.

Susanne ist Geschäftsführungsassistentin und geht demnächst in Elternzeit. Sie möchte bald wieder in Teilzeit in ihren alten Beruf einsteigen, die Auszeit will sie für die Qualifizierung in einem anderen Bereich nutzen (was Sie dem Arbeitgeber gegenüber erst einmal verschweigt). So kann sie später umsatteln, wenn das Kind etwas größer ist. Denn Susanne ist klar, wie schwer es ist, in Ihrem Bereich Teilzeitstellen zu finden.

Sie können sich mit Susanne identifizieren? Dann sind Ihre Leitfragen:
- Wie können Sie sich während der Elternzeit auf dem neuesten Stand halten?
- Gibt es eine Weiterbildung, die Sie für den „Job nach dem Job" qualifizieren könnte?
- Gibt es eine Weiterbildung, die Sie in der Elternzeit absolvieren können und die Ihren Lebenslauf aufwertet, ob Sie nun bei Ihrem Arbeitgeber bleiben oder nicht?
- Was müssen Sie tun, um den Draht zu Ihrem Arbeitgeber zu halten? Denn wahr ist: Ein Jahr kann sehr lang sein. Besser ist es, regelmäßig Kontakt zu halten, an Meetings teilzunehmen, sich blicken zu lassen, stundenweise einzuspringen.

Was das für Sie bedeutet

Wenn Sie Ihren Job zunächst halten möchten, gehen Sie strategisch vor. Planen Sie bereits während der Schwangerschaft den Wiedereinstieg. Machen wir uns nichts vor: Wenn Sie die Chance haben, zu Ihrem alten Arbeitgeber zurückzukehren, so spricht sehr viel dafür, diese erst einmal zu nutzen, vor allem wenn Sie zunächst Teilzeit arbeiten möchten. Es gibt sehr wenig anspruchsvolle Teilzeitjobs, auf die Sie sich neu bewerben können. In Ihrer alten Firma jedoch haben Sie ein Recht auf Teilzeit. Einer beruflichen Neuorientierung steht ja dennoch nichts entgegen, aber vielleicht muss sie nicht gleich der erste Schritt nach der Rückkehr sein, sondern der zweite? Es bewirbt sich eben sehr viel leichter aus einer sicheren (An-)Stellung heraus.

Karrierefrau/Karrieremann (KF/KM)

Julia sehnt sich – nach ihrem schwarzen Businesskostüm, nach endlos langen Einkaufslisten und nach dem ununterbrochenen Klingeln des Bürotelefons. Die Babypause der Marketing-Assistentin ist länger ausgefallen als geplant. Felix ist jetzt ein munterer Zweijähriger, und Julia befindet sich auf dem Absprung in Richtung Job. Da ihre alte Firma im letzten Jahr Insolvenz angemeldet hat, sucht sie eine neue Tätigkeit. Ihr Partner steht voll hinter ihren beruflichen Plänen.
Julias Entschluss ist klar. Sie möchte beruflich wieder voll durchstarten, ist auch bereit Vollzeit zu arbeiten. Ihr Kind tagsüber der Obhut einer Tagesmutter zu überlassen, bereitet ihr keine Bauchschmerzen. Aber die Tagesmutter reicht nicht aus. Maximal bis 18 Uhr kann sie die Betreuung übernehmen. Doch Meetings und wichtige Termine dauern oft länger. Julia braucht ihren Mann und seine Bereitschaft, selbst ab und zu kürzerzutreten.

Tatsächlich: Stolperstein Nummer eins für Karrierefrauen ist der Partner! Wenn er nicht bereit ist, sich im Haushalt und bei der Kinderbetreuung zu engagieren, sieht es schlecht aus für den Neustart oder auch Wiedereintritt.

Leitfragen für Sie:

- Haben Sie ein deutliches Gespräch mit Ihrem Partner geführt? Ist beiden klar, was möglich ist? Wird auch Ihr Partner sich engagieren und konkret zurückstecken?

- Haben Sie einen Notfallplan, wenn die Kinderbetreuung ausfällt?
- Wissen Sie, was Sie in den Ferien tun werden oder wenn das Kind krank wird und die Betreuungseinrichtung nicht besuchen kann?
- Gibt es eine Betreuung nach der Betreuung, wenn beispielsweise die Kita schon um 17 Uhr die Pforten schließt – in der besten Meetingzeit?

TIPP FÜR ALLE TYPEN: Betreuung

Einer der wichtigsten Aspekte beim Wiedereinstieg ist es, die Betreuung Ihres Kindes sicherzustellen. Wer kann Sie dabei unterstützen, damit nicht die gesamte Versorgung allein auf Ihren Schultern lastet? Führen Sie eine partnerschaftliche Beziehung? Wird Ihr Partner Sie unterstützen bei der Betreuung des Kindes? Gibt es Eltern, Freunde, die Ihnen Hilfe anbieten? Kennen Sie eine gute Tagesmutter? Erkundigen Sie sich dazu beim Jugendamt oder, wenn Sie auf dem Land wohnen, bei den Familienbildungsstätten. Es gibt nicht nur den Partner oder die Familie, die einspringen können. Sie könnten sich beispielsweise mit anderen Müttern in Ihrem Bekanntenkreis bei der Betreuung Ihrer Kinder zusammentun. Wenn Sie alleinstehend sind, könnten Sie mit Freunden zusammen- oder in eine schon bestehende Wohngemeinschaft einziehen. Gemeinsinn ist wieder gefragt. Und gegenseitige Unterstützung macht die Menschen glücklicher. Oder Sie suchen für sich und Ihr Kind eines der vielen neuen spannenden Wohnprojekte mit Jung und Alt oder ein Wohnprojekt mit anderen Müttern.

Was das für Sie bedeutet

Sprechen Sie mit Ihrem Partner oder Ihrer Partnerin, lange bevor das Kind da ist. Es muss klar sein, dass beide verantwortlich sind und jeder das Recht hat, mal länger zu arbeiten. Trauen Sie sich Forderungen zu stellen wie: „Zwei Mal holst du die Kleine ab, drei Mal ich – und in der nächsten Woche ist es umgekehrt." Wie bei der Vielleicht-Rückkehrerin ist hier auch das größte Thema die Betreuung.

Die Dazuverdienerin/der Dazuverdiener (DV)

Sarah müsste nicht unbedingt „zuverdienen", doch die gelernte Tischlerin möchte nicht nur den dreijährigen Tim und den Haushalt betreuen. Sarah will beruflich umsatteln und sich als Innenraumberaterin selbstständig machen. Geld ist dabei zweitrangig, es geht zunächst einmal um die eigene Zufriedenheit.

Arno will erst einmal mit einem 400-Euro-Job in einem Fotoladen starten, weil er Spaß hat an der Kundenberatung und sich für digitale Fotografie sehr interessiert.

Wenn Sie sich mit Sarah oder Arno identifizieren können, sind Ihre Leitfragen:

- Was könnten Sie tun, um dazuzuverdienen?
- Ist Selbstständigkeit eine Perspektive für Sie? Was könnten Sie als Selbstständige tun?
- Was wäre auch finanziell ideal für Sie? Oft bleibt bei Selbstständigen und Minijobbern unter dem Strich mehr übrig als bei Frauen und Männern, die bis rund 1.000 Euro dazuverdienen. Lesen Sie dazu das Kapitel über Selbstständigkeit.
- Wie viele Stunden genau möchten und können Sie zum Dazuverdienen aufwenden?
- Wie weit möchten Sie fahren?
- Was müssen weitere Rahmenbedingungen sein?

Was das für Sie bedeutet

Auch wenn Geld derzeit kein Thema ist, es könnte eines werden: Deshalb sollten Sie immer so planen, dass aus einer Dazuverdienertätigkeit etwas Größeres werden kann. Überlegen Sie sich gut, welche Bereiche interessant zum Dazuverdienen sind und wie eine langfristige Perspektive dort aussehen könnte.

Unfreiwillige Wiedereinsteigerin/ unfreiwilliger Wiedereinsteiger (UW)

Silke arbeitete bis zur Geburt ihrer Tochter als Rechtsanwaltsfachange-
stellte. Die anschließende Elternzeit dehnte sich auf sieben Jahre aus. Kalt
erwischt wurde Silke, als ihr Mann eine Affäre gestand und auf die Schei-
dung drängte. Silke ist jetzt frisch geschieden, arbeitslos und erhält nur
noch ein Jahr vollen Unterhalt. Sie steht unter Druck, einen Job zu finden,
ist aber nicht sonderlich motiviert.

Viele Frauen hadern mit Ihrer Situation und wollen eigentlich gar
nicht (voll) arbeiten. Oft war die vor der Berufspause ausgeübte Tätigkeit kein Leidenschaftsberuf, sodass mit dem Wiedereinstieg nicht
selten auch eine berufliche Neuorientierung verbunden ist. Das
Eigentlich-nicht-Wollen ist leider eine schlechte Voraussetzung, um
einen Job zu finden. Aber Frauen (und natürlich auch Männer in ähn-
licher Situation) sind durch die neue Gesetzeslage (siehe Kasten „Das
neue Unterhaltsrecht") oft gezwungen zu handeln und für ihr eigenes
Ein- und Auskommen zu sorgen. Wenn Sie in so einer Situation sind:
Versuchen Sie Klarheit zu gewinnen, was Sie möchten.

Ihre Leitfragen:

■ Wie gestaltet sich Ihre Betreuungslage – und damit auch Ihre spe-
  zielle Situation vor dem Gesetz?
■ Was wollen Sie selbst wirklich? Wenn Sie nicht sicher sind, soll-
  ten Sie diesen Punkt klären, z. B. im Rahmen eines Coachings oder
  einer Berufsfindungsmaßnahme.
■ Wenn Sie „müssen": Was können Sie tun, um sich mit der neuen Si-
  tuation anzufreunden und handlungsfähig zu werden? Oft ist eine
  Psychotherapie nötig, um vielleicht erlebte Traumata zu überwinden.
■ Welche Berufe und Tätigkeiten kommen für Sie alternativ in Frage?
■ Gibt es eine Weiterbildung, die Brücke in einen spannenderen
  Beruf sein und Ihre Motivation erhöhen könnte?

INFO: Das neue Unterhaltsrecht

Kinder bevorzugt – was in der Gesellschaft nur sehr selten gilt, zählt im neuen Unterhaltsrecht seit Januar 2008. Danach stehen Kinder immer vor der Mutter, wenn es um den Unterhalt geht. Auch neue Kinder aus einer neuen Ehe. Das heißt, dass Ehefrauen leer ausgehen können. Auch die Sicherung des Lebensstandards ist nicht mehr garantiert. Erziehende Mütter und Väter können nach dem dritten Lebensjahr ihres Kindes zum Arbeiten verpflichtet werden, sofern es Betreuungsmöglichkeiten und Jobchancen gibt. Im Gesetzestext heißt es dazu: „Ein geschiedener Ehegatte kann von dem anderen wegen der Pflege oder Erziehung eines gemeinschaftlichen Kindes für mindestens drei Jahre nach der Geburt Unterhalt verlangen. Die Dauer verlängert sich, solange und soweit dies der Billigkeit entspricht. Dabei sind die Belange des Kindes und die bestehenden Möglichkeiten der Kinderbetreuung zu berücksichtigen. Die Dauer des Unterhaltsanspruchs verlängert sich darüber hinaus, wenn dies unter Berücksichtigung der Gestaltung von Kinderbetreuung und Erwerbstätigkeit in der Ehe sowie der Dauer der Ehe der Billigkeit entspricht." Vieles ist Interpretation und wird durch die aktuelle Gerichtssprechung bestimmt, die in der letzten Zeit oft pro „Frauenarbeit" entschieden hat. Das Thema ist sehr komplex: Informieren Sie sich deshalb für Ihren konkreten Fall, wenn Sie Fragen haben!

Quelle: www.unterhalt-2008.de

Die Situation von Berufsrückkehrerinnen haben Forscher in einer sogenannten Sinus-Studie wissenschaftlich untersucht.

Die Ergebnisse:

Die Berufsrückkehr ist kein punktuelles Ereignis, sondern ein Prozess, der sich von den ersten Überlegungen der Frau bis zur erfolgreichen Bewältigung des Berufseintritts in der Regel über mehrere Jahre hinzieht. Für Sie heißt das: Planen Sie langfristig und erwarten Sie nicht zu schnell zu viel.

Nicht die Frau allein, sondern die gesamte Familie ist vom Wiedereinstieg betroffen und beim Wiedereinstieg gefordert. Weit über 80 Prozent der potenziellen Wiedereinsteigerinnen sind verheiratet. Gegen
den Partner und ohne seine Unterstützung ist für diese Frauen der
Wiedereinstieg kaum zu schaffen. Allerdings geht ein hoher Anteil
der von Sinus Sociovision befragten Männer davon aus, dass der Wiedereinstieg der Frau mit ihnen „nichts zu tun" habe. Für Sie heißt das:
Binden Sie Ihren Partner mit ein – er muss genauso verzichten wie
Sie. Es geht nicht nur darum, wer das höhere Einkommen hat. Es geht
auch um Ihre Unabhängigkeit! Übrigens kann das bei Männern ganz
ähnlich sein: Wir kennen einige, deren Vollzeit verdienende Karriere-
frau den Wiedereinstieg nicht wirklich unterstützt.

Erwartungen der Frauen und der Arbeitgeber an den Wiedereinstieg
passen nicht automatisch zueinander. Das beginnt bei der Arbeitszeit,
geht über die Frage der richtigen und notwendigen Weiterqualifika-
tion bis zu den Fragen der „passenden" Aufgabenprofile für die neue
(alte) Kollegin. Für Sie heißt das: Informieren Sie sich über das, was
Arbeitgeber erwarten. Gehen Sie Kompromisse ein.

Aufbautraining:
Erste Schritte zum neuen Job

„Mein Mann sagt immer, ich könne so viel, aber ich habe, ehrlich gesagt, Zweifel." So etwas hören wir in der Karriereberatung öfter. Frauen, die sich immer für ihre Kinder engagiert haben, ihren Mann unterstützt, in der Schule im Elternbeirat gekämpft oder das durchaus anstrengende Hausaufgabenmanagement betrieben haben, sind unsicher, ob ihre Kenntnisse, ihr Können und ihre Erfahrungen wirklich auf die Praxis übertragbar sind. Für Männer, die aus dem Beruf ausgestiegen sind, gilt das oft weniger. Ihre Ausstiegszeiten sind kürzer. Wenn Männer länger aussteigen, dann haben sie unserer Erfahrung nach ein Hobby, treiben ihre Karriere als Musiker, Künstler oder Kinderfußballtrainer voran. Gesunkene Selbstwertgefühle sind somit wirklich oft ein reines Frauenthema.

Kann ich das? Was kommt auf mich zu? Bin ich dem gewachsen? Frauen, die länger aus dem Berufsleben ausgestiegen sind, haben oft Selbstzweifel. Das berufliche Selbstbewusstsein ist gering. Das kann auch gar nicht anders sein, denn Selbstbewusstsein entsteht in der Interaktion. Nur durch die Rückmeldung von anderen kann es sich aufbauen. Einige brauchen diese Rückmeldungen sehr, andere weniger – niemand jedoch kommt ganz ohne aus. Und hier zeigt sich auch der entscheidende Unterschied zwischen Berufstätigen und „anderen", ob sie nun aufgrund der Kindererziehung oder wegen einer längeren Arbeitslosigkeit aus dem Jobleben geworfen sind, macht da kaum einen Unterschied.

Berufstätige ziehen Ihr Vertrauen in eigene Fähigkeiten aus dem unausgesprochenen oder ausgesprochenen Feedback. Sie bekommen über ihre Arbeit eine Rückmeldung: vom Chef, von Kunden, Kollegen. Und sei es nur, dass keiner was sagt und alles okay scheint. Seien es nur Gespräche mit Kollegen, die gefühlt auf der gleichen Ebene stehen oder vielleicht höher als sie selbst. Je länger eine Frau – wie gesagt betrifft dieses Thema eher Frauen – aus dem Beruf ausgestiegen ist, desto niedriger ist der berufliche Selbstwertpegel. Es kann sein, dass das nach außen und für die anderen gar nicht richtig spürbar ist. Denn vielfach zeigt sich ein erheblicher Unterschied zwischen dem Verhalten gegenüber Bekannten, Freunden und dem eigenen Umfeld und dem Verhalten gegenüber „beruflichen Personen".

Deshalb ist es wichtig, den beruflichen Selbstwert vom privaten Selbstwert zu unterscheiden. Es kann sehr gut sein, dass das Freizeit- und Familienselbstbewusstsein hoch ist. In Ihrem vertrauten Umkreis wirken Sie sicher und überzeugend und sind es oft auch. Nur in einem Unternehmen, wo man sich – oft vor Schlipsträgern und arroganten Karrieretypen – vorstellen, verkaufen, selbstbewusst auftreten muss? Da sieht es anders aus. Es gibt folglich ein Privatego und ein Berufsego, und beide Egos können sehr unterschiedlich stark ausgebildet sein. Dabei ist es gleich, aus welchem Grund Sie aus dem Berufsleben ausgestiegen sind. Ob Kinder, die Pflege der Eltern, Krankheit oder eine Auszeit der Grund dafür war – entscheidend ist vor allem die Dauer. Mit ihr steigt die Entfernung zum Berufsleben und sinkt der Grad, in dem frau an den eigenen beruflichen Erfolg glaubt.

INFO:

Untersuchungen bestätigen: Das Selbstvertrauen von Vollzeithausfrauen rutscht schnell in den Keller und muss, wenn es an den Wiedereinstieg geht, oft mühsam wieder ausgegraben werden. Sind die Frauen aber wieder ins Berufsleben zurückgekehrt, stellt mehr als die Hälfte von ihnen positive Veränderungen an sich fest. Das ermittelte das Allensbacher Institut für Demoskopie. Sie fühlen sich besser organisiert als früher, sagen 54 Prozent der befragten Mütter. Fast ebenso viele finden, sie könnten Wichtiges nun besser von Unwichtigem unterscheiden. Und ein Drittel aller Wiedereinsteigerinnen sind überzeugt, sich besser durchsetzen zu können. Auch die Arbeitgeber wurden für diese Studie befragt. Sie stimmen mehrheitlich der Selbsteinschätzung der Frauen zu. Es kann also losgehen!

Absolvieren Sie ein Ego-Workout

Um sich fit für den Beruf zu machen, sollten Sie deshalb ein berufliches Aufbautraining absolvieren. Denn: Nicht jeder kann von null auf 100 direkt durchstarten. Die Schnelligkeit, mit der der Wiedereinstieg vonstattengehen kann, ist von der Dauer der vorherigen Pause abhängig. Frauen und Männer, die sehr lange aus dem Beruf heraus sind, brauchen länger als Kurzpausierer. Auch der vorherige Job wirkt sich aus: Wer ausschließlich positive Erfahrungen im Beruf gemacht hat, wird schneller wieder an die Vergangenheit anknüpfen können. Doch die Realität sieht oft anders aus: Das Kind oder die Kinder kamen in einer Phase beruflicher Unzufriedenheit, von Langeweile oder sogar Frust. Ganz realistisch betrachtet ist es doch so: Kinder kommen eher selten, wenn beruflich alles top läuft und man auf der Karrierewelle surft. Und wenn das der Fall ist, so ist der Ausstieg meist kurz.

Natürlich wirkt sich auch das auf das Berufsego aus, was Sie so über den Arbeitsmarkt und von Ihren Exkollegen hören. Gerade hat man mal wieder zwei Mütter rausgemobbt? Dass solche Nachrichten die positive Einstellung nicht gerade erhöhen, versteht sich von selbst. Trotzdem sollten Sie sich davon auf keinen Fall beeinflussen lassen. Die Arbeitswelt ist so – aber es gibt auch viele positive Beispiele.

Test: Wie hoch ist Ihr beruflicher Selbstwertpegel?

Bevor wir mit dem beruflichen Aufbautraining beginnen, prüfen Sie sich einmal selbst. Wo stehen Sie und Ihr Berufsego?

	Stimme absolut zu	Stimme teilweise zu	Stimme nicht zu	Punkte
Ich freue mich total auf neue Aufgaben.				
Ich bin sehr sicher, dass ich meinen Job gut machen werde.				
Ich gehe mit Energie an die Jobsuche.				

	Stimme absolut zu	Stimme teilweise zu	Stimme nicht zu	Punkte
Ich fühle mich gut ausgebildet und bestens gerüstet für den Job.				
Vor Vorgesetzten und erfolgreichen Managern habe ich nicht mehr oder weniger Respekt als vor jedem anderen Menschen auch.				
Ich kann das, was ich bisher gemacht habe, gut „verkaufen".				
Meine in der Aus- oder Elternzeit gewonnene Erfahrung ist genauso viel wert wie die berufliche Erfahrung von anderen.				
Ich bin bereit, auch kleinere Brötchen zu backen, um berufliche Erfahrung hinzuzugewinnen.				
Mit Rückschlägen kann ich gut umgehen.				

Auswertung: Geben Sie sich 2 Punkte, wenn Sie voll zustimmen, sind Sie gespalten, gibt es 0. Wenn Sie der Aussage gar nicht zustimmen können, ziehen Sie 2 Punkte ab, geben sich also −2.

Ergebnis:
10 bis 18 Punkte
Ihr beruflicher Selbstwertpegel ist hoch, Sie haben eine gesunde Einstellung zu Ihrer Erfahrung und sich selbst. Prüfen Sie aber, inwieweit die Vorstellungen, die Sie haben, auch wirklich realistisch sind. Manche Menschen gehen sehr optimistisch und mit hohem Selbstbewusstsein an die Jobsuche, werden dann aber schnell enttäuscht, weil Sie feststellen, dass Sie sich ein falsches Bild vom Arbeitsmarkt gemacht haben. Sie haben beispielsweise zu hohe Gehälter und einen zu einfachen Berufseinstieg erwartet. Dieses Buch gibt Ihnen einen Überblick über verschiedene Möglichkeiten, mit realistischen Anhaltspunkten für das Gehalt und für Ihre beruflichen Chancen. Wenn Sie sich all dessen bewusst sind und den hohen Punktestand „halten" können, haben Sie auf jeden Fall beste Chancen, zu erreichen, was Sie erreichen möchten.

0 bis 9 Punkte
Ihr beruflicher Selbstwertpegel ist unentschieden bis mittel ausgeprägt. Auf jeden Fall haben Sie Zweifel. Anhand Ihrer Antworten können Sie sehr genau sehen, wo diese liegen. Wenn Sie zum Beispiel die Frage mit dem „Verkaufen" mit 0 oder −2 bewertet haben, gleichzeitig aber die ersten drei Antworten mit 2 Punkten, dann könnte Ihr hauptsächliches Thema das „Selbstmarketing" sein. An diesem Punkt können Sie relativ leicht arbeiten, indem Sie sich z.B. coachen lassen oder ein Videotraining vor der Kamera absolvieren. Wenn Sie die Frage mit den „Rückschlägen" mit 0 oder −2 beantwortet haben, deutet dies auf fehlende emotionale Stabilität hin. Das heißt, dass Sie sich vermutlich von Rückschlägen sehr leicht beeinflussen und aus der Bahn werfen lassen. Hier kann ein Coaching für den Zeitraum der Jobsuche sehr sinnvoll sein.

−1 bis −18 Punkte
Ihr beruflicher Selbstwertpegel ist auf dem Tiefststand. Sie müssen unbedingt etwas tun, um sich aufzubauen. Vielleicht beginnen Sie den Wiedereinstieg mit einer Aus- oder längeren Weiterbildung. Ein psychologisch ausgerichtetes Coaching ist auf jeden Fall hilfreich. Möglich, dass ein Coaching aber zu wenig ist und Sie eine Kurzzeit-Psychotherapie benötigen. Prüfen Sie für sich selbst, wie Sie sich fühlen und besprechen Sie sich mit einer Vertrauensperson oder informieren sich bei einer Beratungsstelle.

Maßnahmen für mehr Selbstbewusstsein

Sie ahnen, wo es hakt? Dann kommen wir zu den Methoden, um daran (oder dagegen) zu arbeiten. Wir stellen Ihnen einige Möglichkeiten vor, den eigenen Selbstwertpegel wieder aufzubauen und damit einen wichtigen Schritt in Richtung Wiedereinstieg zu unternehmen.

Kompetenzen bewusst machen

Die meisten Frauen erleben die Geburt eines Kindes als eine einschneidende Zäsur, die das Leben völlig umgekrempelt. Und sicherlich werden Sie bestätigen, dass nicht nur Ihr Alltag mit Kind sich verändert hat, sondern auch Sie selbst. Sie sind als Persönlichkeit gereift und haben neue Kompetenzen erworben. Die Anforderungen, die ein Baby oder Kleinkind an Sie stellt, sind andersgeartet als die Belastungen im Beruf. Doch dass sie nicht minder herausfordernd sind, wird jeder, der jemals ein Kind aufgezogen hat, bestätigen.

Im Umgang mit Ihren Kindern haben Sie sich als Persönlichkeit weiterentwickelt und Ihre soziale Kompetenz, Belastbarkeit und Ihr Organisationstalent geschult – Skills, also Fähigkeiten, die Ihnen im Berufsleben unbedingt nützen. Denn teamfähige, belastbare und organisationsstarke Mitarbeiter werden von Unternehmen gesucht. Genau diese Eigenschaften haben Sie geschult:

Einfühlsamkeit

Hört sich das Geschrei des Babys eher vorwurfsvoll oder wimmernd an? Will es an die Brust oder leidet es vielleicht unter einer Dreimonatskolik? Im Umgang mit Ihren Kindern entwickeln Sie empathische Fähigkeiten. Die Fähigkeit sich einzufühlen, benötigen Sie auch, wenn Sie ein Kundengespräch führen oder mit einem Geschäftspartner sprechen. Der EQ, der emotionale Intelligenzquotient, ist eine entscheidende Qualität für Erfolg im Beruf. Das finden übrigens auch Manager.

Organisationsgeschick

Waschen, putzen, kochen, einkaufen, Kinder abholen: Familienarbeit will gut organisiert sein. Sonst warten die Kinder vor der Schule oder das Mittagessen steht erst auf dem Tisch, wenn der Große schon wieder zum Sport muss. Familienarbeit ist eine komplexe Angelegenheit, bei der Sie jahrelang Ihr Organisationstalent geschult haben. Der größte Chaot und die größte Chaotin wissen nach einiger Zeit mit Kindern, was Zeitmanagement wirklich heißt.

Belastbarkeit

Wer schon einmal ein schreiendes Baby auf dem Arm getragen hat, weiß, wie sich Stress anfühlt. Nicht wenige Männer, die einmal mit einer Frau getauscht haben, sagen: Mehr Stress kann nicht sein. Das wissen Sie und reagieren cooler, wenn es auf der Krankenstation oder im Büro hoch hergeht.

Soziale Kompetenz

Personaler bevorzugen Teamplayer! In Ihrem Familienteam haben Sie Teamplayerqualitäten entwickelt, die Ihnen den Umgang mit Kollegen und Vorgesetzten erleichtern. Experten behaupten: Nur magere zehn Prozent des beruflichen Erfolges macht das Können aus, mit fast 90 Prozent ist Ihr persönliches Auftreten entscheidend für Ihr Weiterkommen im Beruf. Das mag etwas übertrieben sein, denn ohne Können wird man kaum eingestellt – aber wenn Sie einmal drin sind, ist das Sozialverhalten ausschlaggebend für den weiteren Erfolg.

Multitasking

Sohn Tom erzählt von einem Streit im Kindergarten, während Sie in der Sauce Hollandaise herumrühren und immer wieder einen Blick auf Ihr Neunmonatskind werfen, das auf dem Küchenboden herumrobbt. In der Elternzeit haben Sie selbstverständlich zwei, drei, vier Dinge zur selben Zeit erledigt. Frauen können das ohnehin besser als Männer, und Sie als Mutter haben noch ein Intensivtraining in Sachen Multitasking absolviert. Das brauchen Sie auch im Unternehmen.

Finden Sie Ihren Erfolgsschlüssel

Wissen Sie, was Ihr persönlicher Erfolgsschlüssel in der Vergangenheit war? Wie haben Sie Dinge erreicht und sind zum Ziel gekommen? Jeder hat so einen persönlichen Erfolgsschlüssel, der auch in der Zeit des Wiedereinstiegs helfen kann.

Anna hatte niemals Probleme damit, fremde Menschen anzusprechen und auf andere zuzugehen. Sie kann einfach so zum Hörer greifen und mit jedem sprechen. Das war früher im Kundenservice auch ihr Job, wo sie sehr erfolgreich war. Und so hat sie auch Sponsoren für den Verein gefunden, in dem sie sich engagiert.
Sarahs Schlüssel ist die Hartnäckigkeit. Als es um den Hauskauf ging, hat sie mehr als 30 Anbieter angerufen und so verhandelt, dass am Ende Kreditkonditionen deutlich unter dem damaligen Marktwert herauskamen.

Finden Sie Ihren Schlüssel durch Gespräche mit anderen, reflektieren Sie diese Gespräche anschließend und machen Sie sich gegebenenfalls Notizen.

Nutzen Sie Ihren Erfolgsschlüssel für die Jobsuche. Anna kann zum Beispiel in Personalabteilungen anrufen und einfach bei potenziellen Arbeitgebern vorbeigehen, sobald sie geklärt hat, was sie beruflich möchte. Sarah ist hartnäckig genug, sich nicht von einem „Nein" abweisen zu lassen. Sie kann sich ihren Job regelrecht erarbeiten – und gute Gehaltskonditionen dazu.

Mein Erfolgsschlüssel ist:

Über sich sprechen

Was tun Sie gern? Was fällt Ihnen leicht? Was können Sie gut? Worin waren Sie erfolgreich? Es hilft, mit anderen darüber zu sprechen. Am besten geht das mit Personen, die Sie nicht sehr gut kennen und die Ihnen neutral gegenüberstehen – weil es auch für Sie eine größere Herausforderung ist. Dies können andere Seminarteilnehmer sein oder ein Coach. Üben Sie das Sprechen über sich selbst vor allem dann, wenn Sie eigentlich eine Persönlichkeit haben, die eher auf andere eingeht und diese reden lässt, Sie sich also gern hinten anstellen und selbst nicht in den Vordergrund streben.

ÜBUNG:
Neulich in der überfüllten Straßenbahn standen zwei Frauen im Gang. Die eine redete auf die andere ein, erzählte vom Sohn, der Tochter, der Schule. Die andere hatte eine rein passive Rolle, erwiderte „aha", „ja", „hm". Nicht selten sind Gesprächsrollen extrem verteilt, und eine dominiert die andere, fällt zum Beispiel ins Wort, fragt nicht nach, hört nicht zu. Wie ist das bei Ihnen? Werden Sie dominiert oder dominieren Sie oder ist das Verhältnis ausgewogen? Wenn Sie eine klare Tendenz bei sich feststellen, versuchen Sie beim nächsten Gespräch einmal bewusst die gegensätzliche Rolle einzunehmen: also entweder bewusster zuzuhören und den anderen „kommen" zu lassen oder selbst mehr in den Gesprächsverlauf einzugreifen – am besten durch Fragen. Das ist eine gute Übung für spätere berufliche Gespräche und das Vorstellungsgespräch.

Der Fünf-Minuten-Monolog

Eine weitere Methode liegt darin, den eigenen Lebenslauf inhaltlich aufzubereiten und daraus einen Fünf-Minuten-Monolog zu gestalten. Das braucht Vorbereitung, und deshalb müssen Sie zunächst das Drehbuch dazu schreiben.

Dabei hilft ein anderer Blick auf den eigenen Lebenslauf. Sind Sie ein visueller Mensch? Dann malen Sie sich Ihr Leben einfach auf – zum Beispiel mit Bergen und Tälern, wobei Sie die Berge besonders schön und blumig ausmalen. Sind Sie ein auditiver Typ, reicht es oft, wenn Sie über Ihren Lebenslauf mit einer anderen Person sprechen und sich die wichtigsten Punkte aufschreiben. Sie können auch eine Lebenskurve malen und diese mit Strichen kennzeichnen, die für Sie Meilensteine kennzeichnen, etwa das Abitur oder die mittlere Reife.

Schreiben Sie dazu, was Sie in dieser Etappe oder Position gelernt haben, welches Wissen Sie angewendet und welche Erfolge Sie gehabt haben. Ja, Erfolge – auch wenn Ihnen das schwerfällt, diese als solche wahrzunehmen. Wenn Sie innerhalb eines halben Jahres Stenografie-schrift gelernt haben, ist das genauso ein Erfolg wie die Tatsache, dass Sie mit dazu beigetragen haben zu verhindern, dass die Dorfschule aus ihrem alten Gebäude ziehen musste.

Am Ende sollten es fünf bis sieben wichtige Punkte (Meilensteine) in Ihrem Leben sein, zu denen Sie etwas erzählen können. Entscheiden Sie sich dann, was Sie zu den einzelnen Meilensteinen sagen. Gibt es kleine Anekdoten oder Interessantes wie die Tatsache, dass Sie ein Jahr auf einer amerikanischen Schule waren oder einen Tag an der University of Oxford verbracht haben?

Üben Sie Ihre Lebenslaufgeschichte allein und später vor Publikum. Schauen Sie dabei auf die Uhr und achten Sie darauf, fünf Minuten nicht zu überschreiten. Streichen Sie Aussagen, die einschränkend oder negativ sind – dazu hilft das Feedback der anderen. Und machen Sie die Geschichte durch Verbesserungen immer runder. Erzählen Sie sie jeden Abend vorm Spiegel. Damit haben Sie einerseits etwas für sich selbst getan und andererseits etwas für den ersten Part im Vorstellungs-gespräch, der so gut wie immer lautet „Erzählen Sie mal über sich".

TIPP:

Frauen erzählen gern von ihren persönlichen Stärken und beziehen Er-folge oft auf das Zwischenmenschliche. Das ist gut so und für Positio-nen, in denen es sehr auf Persönlichkeit ankommt, auch angebracht. Karrierefrauen – also alle, die in leitende Positionen streben oder Jobs haben, in denen es auf Eigenständigkeit und Durchsetzung ankommt – sollten aber aufpassen und Ihre Fünf-Minuten-Rede auf männliche Kompatibilität prüfen. Das ist eine rein inhaltliche Frage. Beispiel: Für eine Frau ist es eher ein Erfolg, wenn die Chefin ihr Konzept lobt, für den Mann liegt der Erfolg in der Tatsache, dass er das Konzept selbst erstellt und durchgesetzt hat. In Karrierejobs brauchen Sie mehr Zah-len, Daten und Fakten (ZDF), um den anderen zu beeindrucken. Also: Üben Sie Ihre Fünf-Minuten-Rede, wandeln Sie diese aber rechtzeitig vor dem Vorstellungsgespräch in eine Überzeugungsrede um.

Sprechen Sie mit „Businessleuten"!

Je länger Sie aus dem Berufsleben heraus sind, desto unsicherer werden gerade Frauen oft gegenüber „Businessleuten". Deshalb ist es sinnvoll, den Kontakt gerade zu jenen Personen zu suchen, die verunsichern. Wir brauchen Ihnen nicht zu sagen, dass jeder nur mit Wasser kocht. Gegenüber Menschen mit einem geschäftsmäßigen, professionellen Auftreten müssen Sie sich nicht klein fühlen. Doch dass wir Ihnen das jetzt und hier sagen, verändert nichts. Das wissen Sie selbst. Sie müssen den Umgang mit Businessleuten üben. Und befürchten Sie nicht, die anderen würden Ihre Unsicherheit merken. Das ist oft gar nicht der Fall.

Auch deshalb ist das Üben so wichtig. Setzen Sie sich zum Beispiel einmal bewusst in eine Männerrunde und übernehmen Sie die Gesprächsführung. Es kann eine Gruppe von Geschäftskollegen Ihres Mannes sein oder ein Mittagstisch in einem beliebigen Restaurant, wo viele Businessleute zusammenkommen.

Wenn Sie bisher Menschen gemieden haben, die auf Sie arrogant oder sehr selbstbewusst oder beides gewirkt haben, so gehen Sie jetzt einmal bewusst auf diese zu.

Mann – und auch Frau – sieht es bereits im Kindergarten: Die engagierten und auf ihre Kinder konzentrierten Mütter und die geschäftigen Karrierefrauen und -männer, die das Kind bringen und dann schnell davoneilen, haben sich wenig zu sagen. Warum eigentlich? Sie fügen sich unbewusst in eine ungeschriebene Hackordnung: hier die einen, dort die anderen. Oft hören wir von Müttern, dass Sie die „Karrieristen" nicht besonders mögen, manchmal auch, dass sie ihnen Angst machen. Diese Einstellung ist spätestens beim Wiedereinstieg schädlich, denn der Typ „Karrierist" sitzt Ihnen relativ häufig in den Vorstellungsgesprächen gegenüber. Außerdem kann es sein, dass Sie mit so jemandem zusammenarbeiten müssen.

Sprechen Sie bewusst mit „den anderen". Was Sie unterscheidet, ist fast immer nur die Prioritätensetzung. Die einen finden: Erst der Job und wenn da alles klappt, ist auch die Familie glücklich. Die anderen sehen das genau andersrum. Hier bekehren zu wollen, macht ohnehin keinen Sinn. Aber miteinander reden geht doch – oder?

ÜBUNG:

Eine gute Übung ist es, fremde Leute in Supermärkten, Fahrstühlen oder der Bank anzusprechen. Wählen Sie sich zunächst einfache Aufgaben, also Menschen, die Ihnen sympathisch vorkommen. Wenn das gut gelingt, widmen Sie sich den schwereren Fällen, zum Beispiel geschäftig dreinblickenden Businessmenschen. Fragen Sie nach der Zeit, dem Weg oder einfach nur, wie es geht. Und nehmen Sie es sich nicht zu Herzen, wenn Sie mal keine „Zuwendung" bekommen, sondern die anderen einfach weiter rennen und Sie „blöd" anschauen. Auch das ist eine gute Übung. Die Übung nämlich, mit (scheinbarer) Ablehnung klarzukommen. Das gehört zum Jobeinstieg dazu.

Übernehmen Sie ehrenamtliche Aufgaben

„Sind Sie im Elternbeirat?" fragte ich. „Ist das wichtig?" erwiderte meine Kundin. „Ja, es kann wichtig sein", sagte ich. Normalerweise haben Frauen (und natürlich auch Männer), die während ihrer Elternzeit aktiv gewesen sind, ein anderes, sichereres Auftreten als solche, die sich auf die häusliche Erziehung konzentriert haben. Sie sind sich dessen nur oft nicht selbst bewusst. Dabei ist es so wichtig, Dinge zu tun, für die man in irgendeiner Form ein Feedback bekommt. Das muss gar kein ausgesprochenes Lob sein. Feedback gibt ja allein schon die Tatsache, dass etwas funktioniert und Sie sich durchsetzen. Feedback heißt aber auch, dass man Grenzen gespürt hat, in Form von direkter Kritik oder von einem Hier-geht-es-nicht-weiter. Beides ist wichtig, denn genau das passiert auch im Berufsleben: Sie haben Erfolgserlebnisse und Sie spüren Grenzen. Sie üben, diese Grenzen zu überwinden und werden besser.

Deshalb sind ehrenamtliche Aufgaben ein wichtiger Schritt zurück ins Berufsleben. Sie können sogar mehr sein als das, wenn aus der ehemals ehrenamtlichen Tätigkeit ein fester Job wird.

Die Bauingenieurin Ina hatte keine Lust, in ihren alten, stressigen Beruf zurückzugehen. „Im Projektgeschäft hast du keine normalen Tagesabläufe. Das passt nicht mit Kindern zusammen." Stattdessen engagierte sie sich im privat organisierten Kindergarten, wurde Vorstand, erweiterte den Kindergarten zur Kita und schaffte es nach einigen Jahren ehrenamtlichen Einsatzes zu einer Halbtagsstelle als Geschäftsführerin.

Natürlich hat das Ehrenamt noch einen weiteren Nutzen: Es ist Berufserfahrung. Ob Sie für eine Tätigkeit Geld bekommen haben oder nicht, ist letztlich doch unerheblich – wichtig sind die Erfahrungen. Wer also als ehrenamtlicher Personalvorstand einer Kita Gehaltsabrechnungen betreut und Mitarbeiter eingestellt hat, sollte das unbedingt in den Lebenslauf schreiben.

TIPP:
Wie finde ich Ehrenämter?
- Ehrenamtportal (www.ehrenamtportal.de)
- Bürgernetz (www.das-buergernetz.de)

TIPP:
Machen Sie ruhig auch mal einen Job, um den sich keiner reißt. Marketing und PR bei Vereinen und Verbänden sind beliebt und meist schnell vergeben, kaufmännische Tätigkeiten sind dagegen eher weniger gefragt. Dabei könnten Sie gerade hier wertvolle Praxiskenntnisse sammeln – vor allem, wenn Sie mit solchen Aufgaben bisher nichts zu tun hatten.

Angeln Sie kleine Aufträge

Nicht weit von meinem Wohnort entfernt, gibt es ein wunderbares Arboretum, eine Art botanischer Garten, fast so schön wie die Bundesgartenschau, aber kaum bekannt. Es wird von einem Verein getragen, der weder eine eigene Website hat noch einen Flyer. Werbung wird nicht viel gemacht. Von Veranstaltungen, die überregionale Gäste anziehen könnten, ganz zu schweigen. Was hier alles möglich wäre! Solche Geheimtipps und unentdeckte Schätze sind ein ideales Feld für jemanden, der etwas neu aufbauen will und dafür noch kein oder nicht viel Geld erwartet – zum Beispiel für eine Wiedereinsteigerin oder einen Wiedereinsteiger.

Äcker, die man mit etwas Engagement bearbeiten und zum Blühen bringen kann, gibt es überall. Aber viel zu wenige Frauen und Männer kommen auf die Idee, sich unvermögenden Vereinen und bescheidenen Institutionen anzubieten. Klar, das ist nichts für Leute, die schnell Geld verdienen müssen. Aber es ist ideal, wenn Sie sich langsam dem Berufsleben nähern wollen, Ihr Selbstbewusstsein aufbauen und parallel Referenzen gewinnen wollen.

Trauen Sie sich! Bieten Sie Ihre Arbeitskraft ruhig einmal kleinen Vereinen oder Einzelunternehmern in Ihrer Umgebung an, um erste Aufträge zu übernehmen. Wenn Sie bisher keine Erfahrung haben und sich erst mal beweisen müssen, könnte eine mögliche Absprache ja so aussehen: Sie übernehmen die PR-Betreuung eines Blumenladens drei Monate kostenlos. Wenn Sie erfolgreich waren und es danach weitergehen soll, wird ein normales Honorar fällig. Um die Höhe zu bestimmen, lesen Sie bitte das Kapitel über nebenberufliche Selbstständigkeit. „Ich bekomme dafür kein Geld, aber für mich ist es die Möglichkeit, mich selbst auszuprobieren. Ich sehe, wie mein Selbstbewusstsein wächst", sagt Karin, die das Management einer japanischer Musikgruppe übernommen hat, deren Budget noch zu klein ist, um sie zu bezahlen. Für sie ist die Tätigkeit eine erste Annäherung an das Berufsleben. Ist die gelungen, kann der nächste Schritt schon viel größer sein.

Nutzen Sie Weiterbildung und Seminare

Es gibt wahrscheinlich nichts, was ein derart wirksames Aufputsch-
mittel für das Selbstbewusstsein ist wie eine Weiterbildung mit Teilnehmern, die einen emotional aufrichten. In Kursen bekommen Sie
Rückmeldung, Resonanz, Anregung und lernen vor allem Menschen
kennen, die Ihre Erfahrungen teilen oder mit anderen Erlebnissen
abrunden.

Dabei ist es entscheidend, welche Art von Weiterbildung Sie belegen. Gerade Wiedereinsteigerinnen werden gern in Kurse gesteckt, in
denen sie nur ihresgleichen antreffen – eventuell sogar Frauen, die
weit weniger motiviert sind als man selbst. Besser ist ein Kurs, wie
ihn die TV-Journalistin Britta absolviert hat: Eine Woche hat sie an der
Akademie für Publizistik in Hamburg Videoschnitt gelernt und sich
damit zukunftsfähig gemacht. Der Kurs wurde von dem für Arbeits-
losengeld-II-Empfänger zuständigen Jobcenter finanziert. Das lag
daran, dass Britta als alleinerziehende Mutter im Hartz-IV-Bezug ist.

TIPP:

Wiedereinsteiger können von der Bundesagentur für Arbeit (Arbeitslosengeld I), aber auch von den Jobcentern und ARGEn (Arbeitslosengeld II bzw. Hartz IV) mit einem Bildungsgutschein gefördert werden. Der Bildungsgutschein (BGS) ist eine schriftliche Zusage zur Kostenübernahme einer Weiterbildung. Diese Weiterbildung können Sie sich weitgehend selbst aussuchen. Mit diesem Gutschein werden die Kosten für die Teilnahme an einer beruflichen Weiterbildung übernommen, vorausgesetzt, die Weiterbildung ist für die Weiterbildungsförderung nach § 85 SGB III zugelassen. Es ist eine Kannleistung der Arbeitsagentur, also abhängig von Ihrer Überzeugungskraft und dem Wohlwollen des Sachbearbeiters. Auch ohne Anspruch auf Arbeitslosengeld I (ALG I) können Sie diesen BGS beantragen – Sie dürfen allerdings nicht im Bezug von Arbeitslosengeld II (ALG II) sein.

Der BGS weist das Bildungsziel, die erforderliche Weiterbildungsdauer, den regionalen Geltungsbereich und die Gültigkeitsdauer von maximal drei Monaten, in der er eingelöst werden muss, aus.

Bildungsgutschein-Nr.: /
Kundennummer/lfd Nr.

gem. §77 Abs. 3 Sozialgesetzbuch – Drittes Buch (SGB III)

Gültig bis:

Übernommen werden

☐ die der Zulassung zugrundeliegenden vollen Lehrgangskosten

☐ die nachgewiesenen notwendigen Kosten (sh. Rückseite)

Weiterbildungsdauer: bis zu   Monat(-en) einschließlich eines notwendigen Betriebspraktikums

Bildungsziel/ Qualifizierungsinhalte:

Unterrichtsart: ☐ Vollzeit (i.d.R. 35 Std./Wo.)   ☐ Teilzeit (12 – 24 Std./Wo)

☐ Berufsbegleitend   ☐ Fernunterricht

Weiterbildungsstätte: ☐ betrieblich   ☐ außerbetrieblich

Weiterbildungsort: ☐ außerhalb des Tagespendelbereichs

So schlicht sieht der Bildungsgutschein (BGS) aus, der drei Monate gilt.

TIPPS:

- Achten Sie darauf, dass der Kurs Ihrem Niveau entspricht. Es bringt nichts, die Grundlagen von Word zu pauken, wenn Sie die längst beherrschen.
- Es sollten in den Kursen auch Teilnehmer sein, die qualifizierter sind als Sie. Nur so können Sie lernen.
- Das Ausbildungsniveau sollte ähnlich sein. Akademikerinnen mit Hauptschulabsolventinnen zusammenzutun, macht wenig Sinn.
- Reine Frauenkurse sind gut, wenn Ihr Selbstwertpegel niedrig ist. Später ist es an sich besser, in gemischte Kurse zu gehen. Im Berufsleben haben Sie schließlich in der Regel auch nicht nur mit Frauen zu tun.

Die oft weiblichen Dozentinnen von Weiterbildungsinstituten kennen das Berufsleben in Unternehmen auch nur aus der Ferne. Wichtig wäre es aber, mit „Typen" zu üben, die Ihnen später auch im Berufsleben begegnen. Dies gilt vor allem für Bewerbungstrainings. Wenn es ernst wird, sollten Sie das Vorstellungsgespräch besser mit jemand üben, der Sie wirklich „auseinandernimmt" als mit jemandem, der rücksichtsvoll fragt.

Schnuppern Sie per Praktikum

Hospitieren heißt „über die Schulter" schauen, ist also eine Vorform des Praktikums. Bekannt ist der Begriff vor allem im Bereich der Medien. In anderen Berufen ist es noch ungewöhnlich, nach einer Hospitanz zu fragen – nichtsdestotrotz aber nützlich. Denn während man sich bei einem Praktikum gleich für mindestens sechs Wochen bindet, kann eine Hospitanz auch mal nur zwei Wochen dauern.

Eine Hospitation ist immer dann sinnvoll, wenn Sie nicht richtig wissen, was Sie eigentlich machen wollen und keine Vorstellung davon haben, wie man in bestimmten Abteilungen oder Branchen arbeitet.

Das Praktikum hat bei uns keinen guten Ruf. Grund dafür ist, dass viele Arbeitgeber Praktikanten ausbeuten und sie für wenig oder sogar ohne Geld wie vollwertige Arbeitnehmer beschäftigen. Gleichzeitig bietet das Praktikum aber auch eine Riesenchance, vor allem für Wiedereinsteiger, die den Bereich oder Beruf wechseln, und nach oder während einer Weiterbildung. Ohne Berufserfahrung in einem Berufsfeld ist es fast unmöglich, eine bezahlte Stelle zu bekommen – oft reicht auch eine Weiterbildung oder Umschulung noch nicht aus. Das Praktikum bietet hier die Chance, erste Berufserfahrung zu sammeln – und damit oft auch den Selbstwertpegel zu erhöhen. Gleichzeitig ermöglicht es, Kontakte aufzubauen und ist nicht selten der Beginn einer längeren (festen) Arbeitsbeziehung.

Nicht zuletzt hat das Praktikum auch die Funktion, Ihnen die konkrete Erfahrung zu vermitteln, wie man in einem bestimmten Bereich arbeitet. Gefällt Ihnen das? Ist das passend für Sie? Macht es Freude – oder Lust auf etwas anderes? Praktika sind also für beide Seiten wichtig – unabhängig davon, wie alt Sie sind.

Bevor Sie beginnen, klären Sie die Frage der Sozialversicherung.

- Wer übernimmt Kranken- und Rentenversicherung?
- Sind Sie bisher familienversichert? Dann dürfen Sie im Praktikum nicht mehr als 350 Euro verdienen, damit die Versicherung erhalten bleibt. Wenn das Gehalt darüber liegt, müssen Sie sich für etwa 120 Euro im Monat selbst versichern.
- Sind Sie Bezieher von ALG I, dürfen Sie ein Praktikum nur im Rahmen einer Aktivierungsmaßnahme für den Arbeitsmarkt absolvieren, sonst gelten Sie bei einer Beschäftigung von mehr als 15 Wochenstunden nicht mehr als arbeitslos.

Auch ALG-II-Empfänger dürfen ein Praktikum nur nach Rücksprache absolvieren. Hier sind die Rahmenbedingungen aber nicht so eingeschränkt wie bei ALG I.

Bezahlte Praktika führen immer auch eine Beitragspflicht nach sich. Eine Alternative bietet ein Praktikum auf 400-Euro-Basis. Sie bekommen das Geld dann steuerfrei und bleiben gleichzeitig familienversichert. Wie bei einem Minijob.

TIPP:
Sie wissen nicht genau, wohin Ihre berufliche Reise Sie führen soll? Fragen Sie Freunde und Bekannte, ob Sie Ihnen bei der Arbeit über die Schulter schauen können. Fast jeder kennt Unternehmer und Freiberufler aus dem eigenen Netzwerk. Diese können es Ihnen meist leicht und unbürokratisch ermöglichen, ein paar Tage oder Wochen in den Betrieb oder ins Büro zu schnuppern. Oder nehmen Sie über einen Bildungsgutschein an einem Berufsfindungskurs der Agentur für Arbeit teil.

Lassen Sie sich von Erfolgsteams mitreißen

Mit anderen zusammenzuarbeiten macht den Wiedereinstieg leichter. Vor allem beziehungsorientierte Menschen, denen Rückkopplung wichtig ist, profitieren von Erfolgsteams. Das sind Gruppen von Frauen und Männern, die sich mit dem Ziel zusammenschließen, beruflich voranzukommen. Erfolgsteams setzen eine Orientierungsphase also schon voraus. Sie müssen wissen, was Sie erreichen wollen: etwa einen neuen Job finden oder eine Existenz aufbauen. So ein Erfolgsteam können Sie sich selbst zusammenstellen. Wichtig ist nur, dass sich fünf bis sieben Personen finden, die sich regelmäßig treffen und einige verbindliche Regeln einhalten. Regeln sind nötig, um zu verhindern, dass das Ganze in Kaffeeklatsch oder Stammtisch ausartet. Um die Ernsthaftigkeit zu garantieren, kann auch ein externer Coach eingeschaltet werden, der Ihre Erfolgsteamrunden moderiert und führt. Sie können sich das Honorar für diesen Coach teilen.

TIPP:
In vielen Städten gibt es zudem organisierte Erfolgsteams nach der Methode der Amerikanerin Barbara Sher. Adressen finden Sie unter www.erfolgsteams-online.de. Sie können sich, wenn die Methode Sie begeistert, sogar zur Erfolgsteam-Leiterin ausbilden lassen und selbst Workshops moderieren.

Nutzen Sie Life/Work-Planning (LWP)

LWP ist eine Planungsmethode, die in Deutschland vor allem von John Webb verfolgt wird. Ziel ist es, eine berufliche Vision und ein Leitbild zu entwickeln und einen Job zu finden, der zufrieden macht. Die Realitäten des Arbeitsmarkts werden dabei erst einmal bis auf eine ausgeblendet: Zwei Drittel bis drei Viertel aller Stellen werden niemals ausgeschrieben. Diese Stellen werden unter der Hand, im Netzwerk, an Nachbarn, Freunde etc. vergeben. Daraus ergibt sich, dass sich Jobs über diesen Weg viel leichter erschließen lassen als über Stelleninserate – was ohne Frage stimmt. Für eine erste Orientierung und den Aufbau eines Gefühls für sich selbst ist LWP eine wunderbare Methode, die auch Recherche über berufliche Möglichkeiten enthält. Zu irgendeinem Zeitpunkt werden Sie also durchaus mit den Realitäten konfrontiert.

TIPP:
Mehr Infos und Terminübersichten erhalten Sie unter www.lifeworkplanning.de

Den alten Job behalten!

Sie sind noch drin im Job – planen aber eine Auszeit oder sind schwanger? Halt: Sagen Sie jetzt nicht sofort, dass Sie ein Kind erwarten, nicht der lieben Kollegin, erst recht nicht dem Vorgesetzten. Denken Sie erst einmal nach, wie Sie mit dem Thema Kind und Karriere umgehen werden. Sonst kann es passieren, dass Sie ruck, zuck! aufs Abstellgleis geschoben werden. Kaum schwanger, schon passé. Bei Männern mit Babyfreuden im Gepäck kommt die Überraschung für die Arbeitgeber erst, wenn die werdenden Väter unerwartet beim Arbeitgeber 12 Monate Elternzeit beantragen – was bekanntlich auch immer öfter passiert.

Überlegen Sie, bevor Sie Ihren Vorgesetzten oder Ihre Vorgesetzte informieren, wie lange Sie in Elternzeit gehen möchten, was Ihre Haltung zum (Weiter-)Arbeiten ist und ob Sie in Teilzeit arbeiten wollen. Sie müssen das zwar erst spätestens sieben Wochen vor Beginn einer eventuellen Teilzeit tun, es empfiehlt sich aber, nicht so lange zu warten. Wenn Sie Ihren Chef über die Schwangerschaft informieren – idealer Zeitpunkt ist der fünfte Monat, bevor der Bauch so richtig rund wird –, teilen Sie am besten auch gleich mit, wann Sie wiederkommen und wie Sie arbeiten wollen. Erst dann dürfen es alle anderen wissen. Halten Sie schriftlich fest, was Sie mit Ihrem Chef vereinbart haben und zwar nicht nur per E-Mail. Er soll schriftlich bestätigen, dass er informiert und mit allem einverstanden ist.

Viele Vorgesetzte nehmen schwangere Frauen nicht ernst. Es kommen Sprüche wie „bekommen Sie erst mal Ihr Baby, dann sehen wir weiter". Je professioneller und klarer Sie sind, desto seltener werden Sie mit Floskeln abserviert. Und wenn doch, erwidern Sie kurz und bündig, dass Sie Ihren Wiedereinstieg jetzt geklärt haben wollen. Sie müssen sich hier teilweise gegen veraltete Rollenbilder durchsetzen und gegen Männer, die selbst eine Frau zu Hause haben und sich das nicht anders vorstellen können. Dass nicht nur die Frauen, sondern auch die Bedingungen heute anders sind, wollen diese Männer nicht wahrhaben. Dies gilt übrigens durchaus auch für weibliche Chefs, die nur ein Entweder-oder kennen und ihren weiblichen Mitarbeitern mindestens so große Steine in den Weg räumen können wie Männer.

Und natürlich sind die Rollen auch umgekehrt nicht anders: Männer, die länger aussteigen, werden ebenso gemobbt. Sichern Sie sich Ihren Arbeitsplatz, wenn Sie ihn behalten wollen, indem Sie auch Vorschläge machen, wie die Zeit ohne Sie überbrückt werden kann. Vorsicht vor Ein-Jahres-Vertretungen. Viele Arbeitgeber stellen mit einem auf ein Jahr befristeten Arbeitsvertrag gern junge Leute ein. Damit, dass Sie wiederkommen, rechnen einige gar nicht. Machen Sie deutlich, dass das für Sie nicht gilt – im Zweifel lieber Auszeiten von weniger als einem Jahr wählen, denn für die entsprechend kürzeren Vertretungszeiten findet sich schwerer jemand Hochqualifiziertes. Und auf jeden Fall während der Pause den Kontakt zum Arbeitgeber halten. Lassen Sie sich auf Veranstaltungen einladen, schauen Sie immer mal wieder herein. Aber bitte ohne Kind – sonst kommen Sie sofort in die „Mutti-Ecke".

Die Rückkehr in den Job

Mit ihrem Job als Sachbearbeiterin in einer Hamburger Reederei war Anke rundum zufrieden. Das Gehalt stimmte, das Team passte und die Atmosphäre war gut. Nach der Geburt ihres Kindes blieb sie drei Jahre zu Hause. Als sie zurückkehrte, wies man ihr einen Platz in einem reinen Buchhaltungsteam zu. Eine Degradierung, die wehtat: Früher hatte Anke einen internationalen Kundenstamm, mit dem sie auf Englisch kommunizierte. Nach der Elternzeit pflegte sie tagelang Excel-Listen. Ankes Sorge, nach der Pause fachlich nicht bestehen zu können, hatte sich in Luft aufgelöst: Ihre alte Stelle war neu besetzt und für die neue Stelle war sie überqualifiziert. Anke hatte zwar laut Gesetz einen Anspruch auf ihren alten Job oder einen

gleichwertigen Arbeitsplatz, und die Bezahlung muss am neuen Arbeits-
*platz gleich bleiben. Aber ansonsten ist das Wort **gleichwertig** sehr dehn-*
bar und lässt sich unterschiedlich auslegen. Als Anke sich über die inhalt-
lich anspruchslosere Tätigkeit bei der Unternehmensleitung beschwerte,
hieß es lapidar, die neue Arbeitsstelle sei doch gleichwertig. So hatte sie
sich ihren Wiedereinstieg nicht vorgestellt. Sie kündigte.

Maximal drei Jahre dürfen Sie zu Hause bleiben, bis zu 14 Monate
davon gibt es Elterngeld. Einige Bundesländer zahlen danach noch ein
Landeselterngeld. In Betrieben mit mehr als 15 Beschäftigten haben
Mütter und Väter nach der Elternzeit ein Anrecht auf einen Teilzeit-
platz. Allerdings dürfen keine betrieblichen Gründe dagegen sprechen. Bei kleineren Unternehmen sind solche Gegengründe leider
schnell zu finden.

Das Recht auf eine Teilzeitstelle gilt übrigens auch für Mitarbeiter in
leitenden Positionen. Die Anzahl der Wochenstunden sollte allerdings
mit dem Arbeitgeber abgestimmt werden. Auch die Arbeitszeit kann
nicht vom Arbeitnehmer selbst festgelegt werden. Sie müssen akzeptieren, wenn Ihr Chef Ihre Arbeitszeit in die Nachmittagsstunden legt,
auch wenn Sie die Morgenstunden beantragt haben. Bedenken Sie
dabei aber: Wenn Sie fortan Teilzeit arbeiten, sinkt damit eventuell
auch Ihr Anspruch auf Arbeitslosengeld – jedenfalls, wenn Sie die
Stundenreduzierung über den dritten Geburtstag Ihres Kindes hinaus
beibehalten.

INFO: Berechnung Arbeitslosengeld nach Elternzeit
Das Arbeitslosengeld berechnet sich nach dem Durchschnitt des Einkommens aus den letzten 12 Monaten. Wenn Sie in Elternzeit waren
und danach Teilzeit arbeiten, bleibt der Anspruch aus der Zeit davor so
lange bestehen, bis das Kind drei Jahre alt ist.

Innerhalb eines Jahres tut sich viel. Die Gesetzeslage sieht so aus: Gibt es im Betrieb keine gleichwertige Stelle für die Rückkehrerin, oder akzeptiert sie die neue Stelle als nicht gleichwertig, kann sie zwar auf den Job bestehen, muss aber damit rechnen, eine Kündigung zu erhalten. Und wie weit man dann geht, hängt auch von den guten Nerven ab. Die Diplom-Betriebswirtin Anke beispielsweise hätte sogar Chancen gehabt mit einer Klage, weil sie für die Stelle in der Buchhaltung eindeutig überqualifiziert war. Drei Jahre war sie zu Hause geblieben, in Thüringen hätte sie nach dem 12 Monate gewährten Elterngeld noch Anspruch auf Landeselterngeld. Dann aber wollte sie zurück in den alten Job – und bekam eine Buchhalterstelle als angeblich gleichwertige Position angeboten. Sie hätte nach dem Gesetz ihrer Qualifikation entsprechend weiter beschäftigt werden müssen. Doch dem Stress einer Gerichtsverhandlung wollte sie sich nicht aussetzen. Letztendlich wusste Sie: Gleichwertige Stellen waren alle in der Zwischenzeit anders besetzt worden. Und für die Position als Buchhalterin war sie überqualifiziert und -bezahlt. Da war sonnenklar: Die Firma würde nur einen günstigen Moment abwarten, um sie loszuwerden. Gründe für eine betriebsbedingte Kündigung würden sich spätestens bei der nächsten Umstrukturierung finden.

Gehen wir aber jetzt noch einmal drei Jahre zurück und versetzen wir uns in den Vorgesetzten, der Anke als eine tatkräftige, motivierte Mitarbeiterin schätzen gelernt hatte. Schließlich hatte er ihr auch ein hervorragendes Zwischenzeugnis ausgestellt. Sicher hätte er sie als wertvolle Mitarbeiterin gern an ihrem alten Arbeitsplatz eingesetzt, doch in welchem mittelständischen Betrieb lässt sich eine Stelle drei Jahre freihalten? Nach drei Jahren – und oft schon sehr viel früher – ist kaum noch etwas beim Alten. Auch Ankes Chef war längst in einen anderen Betrieb gewechselt. Deshalb gilt: Der gesetzliche Anspruch ist schön und gut, aber bestenfalls in Großunternehmen lässt er sich wirklich einlösen. Setzen Sie nicht auf Ihren Anspruch, sondern auf eine kluge Taktik.

Das Gespräch mit Ihrem Chef

Sie können davon ausgehen: Wenn der Vorgesetzte Ihre Arbeit aner-
kennt, möchte er Sie auch behalten. Der oder die Vorgesetzte hat ein
„natürliches" Interesse daran, Sie zu halten. Versuchen Sie, bis dahin
eine Zukunftsvision zu entwickeln: Wie möchten Sie in einem Jahr
leben? Welchen Stellenwert hat Ihr Beruf dann für Sie? Wenn dieser
hoch ist, dann sollten Sie die Möglichkeiten prüfen, nach einer kürzeren Pause in Teilzeit in den Betrieb zurückzukehren.

Machen Sie ein Brainstorming: Setzen Sie sich dazu bequem hin und
nehmen Sie mit Ihrer inneren Stimme Kontakt auf:

- Wo sehe ich mich im Job?
- Wie sieht mein Leben in einem Jahr aus?
- Wie kann ich Kind und Beruf vereinbaren?

Denken Sie ruhig einmal quer! Vielleicht kommen Ihnen ganz neue
Ideen für den Wiedereinstieg.

- Gibt es zum Beispiel eine weitere Kollegin in Elternzeit, mit der Sie
  sich eine Stelle teilen könnten?
- Könnten Sie Ihre Arbeit teilweise oder ganz an einem Telearbeits-
  platz zu Hause erledigen?
- Gibt es vielleicht die Option, allmählich die Arbeitszeit aufzustocken und nach einem halben Jahr nur mit wenigen Stunden im
  Home Office wieder einzusteigen?

Gerade kleine Unternehmen halten oft wenig von Teilzeit. Immer
wieder hört man: „Wir haben schlechte Erfahrungen damit gemacht."
Antworten Sie auf so ein Totschlagargument etwas wie „Mit mir
machen Sie dann das erste Mal gute Erfahrungen". Argumentieren
Sie mit höherer Effizienz bei konzentrierter Arbeit, was sich ja auch
nachweisen lässt.

Erst nachdem Sie Ihr Arbeitsmodell für die Elternzeit komplett durchgeplant und sich auf alle möglichen Fragen eine Antwort überlegt haben, sprechen Sie mit Ihrem Chef über Ihre Pläne. Mit Ihren Vorschlägen zeigen Sie, dass Ihnen wirklich etwas an Ihrer Arbeit liegt. Vielleicht gibt er ein positives Feedback und geht komplett auf Ihre Wünsche ein, vielleicht tauchen innerbetriebliche Hindernisse auf, die Ihr Arbeitszeitmodell infrage stellen. Möglicherweise haben Sie den Eindruck, dass Ihr Vorgesetzter oder Ihre Vorgesetzte an einer kreativen Lösung mit Teilzeitstelle, Home Office – noch – gar nicht interessiert ist. Machen Sie ihm das schmackhaft, indem Sie sehr detailliert beschreiben, wie das genau funktionieren kann.

Erstellen Sie ein Arbeitsplatzprofil und legen es Ihrem Chef vor. Tragen Sie alle Aufgaben ein, die nach der Übergabe zu erledigen sind. Notieren Sie genau, was Sie abgearbeitet haben – damit die Vertretung sich gut in Ihre neue Aufgabe einfinden kann und im Detail weiß, wie der Stand von Projekten ist. Wenn Sie davon ausgehen, dass keine Vertretung eingestellt wird, schlagen Sie jemanden aus dem Kollegenkreis vor, der Sie vertreten könnte. Sprechen Sie dies aber vorher mit der entsprechenden Person ab, sonst machen Sie sich eventuell Feinde. Es sollte auch nicht der Eindruck entstehen, dass die anderen Ihre Arbeit problemlos mitmachen können. Sonst könnte das zum Dauerzustand werden.

INFO: Die Wahrheit über Deutschlands Mütter

Zwei Drittel aller Frauen, die nach der Kinderpause zurück ins Arbeitsleben streben, verfügen über eine abgeschlossene Ausbildung. Untersuchungen belegen, dass diese Frauen durchweg hoch motiviert sind und bereit, sich zu qualifizieren. Mit ihrer Einsatzbereitschaft, ihrem Lernwillen und einer abgeschlossenen Berufsausbildung stellen die Berufsrückkehrerinnen eine für die Arbeitsagenturen attraktive – nämlich eigentlich recht gut vermittelbare – Klientel dar. In den Filialen der Agenturen für Arbeit werden Berufsrückkehrerinnen speziell angesprochen und mit maßgeschneiderten Weiterbildungen gefördert.

Alles aufschreiben

Führen Sie nicht nur ein Gespräch, sondern formulieren Sie die Ergebnisse schriftlich. In diesem Schreiben sollten Sie auflisten, wann Sie in das Unternehmen zurückkehren wollen, wie viele Stunden Sie täglich oder wöchentlich arbeiten möchten, zu welcher Tageszeit und an welchen Wochentagen.

Wenn Sie sich bereits in Elternzeit befinden und in Teilzeit wieder einsteigen wollen, müssen Sie Ihr Gesuch mindestens sieben Wochen vor Beginn der Tätigkeit schriftlich stellen. Rechtlich müssen Sie dafür nicht mit Ihrem Chef sprechen – aus menschlicher Sicht sollten Sie es tun. Gerade bei mittelständischen und kleinen Unternehmen.

So können Sie auch auf die Bedürfnisse des Betriebs eingehen. Vielleicht können Sie Ihrem Chef eine für das Unternehmen passende Zeit anbieten, in der nicht schon viele andere Teilzeitler arbeiten – also nicht unbedingt Montag bis Mittwoch von 8 Uhr bis 12 Uhr. Wenn Sie beispielsweise die Betreuung so legen können, dass Sie zwei Tage Vollzeit arbeiten oder an vier Tagen nachmittags, könnten Sie Ihrem Unternehmen entgegenkommen. Das wird sicher honoriert, und Sie verbessern Ihre Chancen auf einen positiven Wiedereinstieg. Lassen Sie sich von der Unternehmensleitung schriftlich bestätigen, dass Ihr Gesuch gelesen und auch positiv bestätigt wurde.

In Kontakt bleiben

Positiv vermerken wird das Unternehmen, wenn Sie mit Ihrem Chef und den Kollegen kommunizieren: Ich halte während der Elternzeit Kontakt zum Unternehmen und bin ansprechbar bei Fragen zu meinen Kunden oder meinem Arbeitsbereich.

Seien Sie sicher: Aus den Augen, aus dem Sinn, das gilt auch im Arbeitsleben. Sorgen Sie dafür, dass Ihre Kollegen und Ihre Vorgesetzten Sie nicht vergessen. Deshalb zeigen Sie sich auf Fortbildungen, bei Betriebsfeiern und nehmen Sie auch an wichtigen Besprechungen teil. Informieren Sie sich mindestens einmal im Monat über die internen

Entwicklungen. Wenn Sie aus dem E-Mail-Verteiler genommen werden (was oft vorkommt): Finden Sie eine Vertrauensperson, die Ihnen Meldungen und Infos weiterleitet – idealerweise Ihr Chef. Auf jeden Fall sollte er über die Weiterleitungen informiert sein.

CHECKLISTE: So behalten Sie den alten Job
1. Planen Sie mit dem Partner, mit der Familie oder Freunden: Wer kann mich unterstützen bei der Kinderbetreuung? Gibt es Wohnprojekte? Betreuung nach 17 Uhr? Oma-Services? Babysitter? Ersatzbabysitter?
2. Informieren Sie im fünften Schwangerschaftsmonat Ihren Vorgesetzten, danach eventuell auch die Personalverwaltung. Nutzen Sie das Gespräch, um die eigene Rückkehrmotivation klar zu kommunizieren und auch das Wann!
3. Nicht nur, wenn Ihnen Ihr Job am Herzen liegt: Planen Sie Ihre Rückkehr, um sich auch spätere Ansprüche, z. B. auf Arbeitslosengeld, zu sichern.
4. Sie kennen Ihren Job am besten! Machen Sie Vorschläge, wie Sie Ihre Arbeit erledigen können: in Teilzeit, Telearbeit, Jobsharing.
5. Erstellen Sie eine Arbeitsplatzbeschreibung mit dem genauen Stand Ihrer Tätigkeiten. Legen Sie diese Ihrem Chef vor.
6. Welche Kollegen könnten während der Elternzeit Teile Ihrer Arbeit übernehmen? Was könnten Sie im Home Office machen?
7. Nehmen Sie während der Elternzeit an firmeninternen Fortbildungen teil und halten Sie den Kontakt zum Unternehmen. Kommunizieren Sie in der Firma, dass Sie ansprechbar bleiben, wenn es Fragen zu Kunden etc. gibt.

Immer Elternzeit beantragen!

Auch wenn Sie froh sind, die Schwangerschaft als Ausstieg aus einem ungeliebten Job nutzen zu können und nicht vorhaben, in Ihr Arbeitsverhältnis zurückzukehren, sollten Sie Elternzeit beantragen. Es könnte später bei der Rente, der Krankenversicherung und dem Arbeitslosengeld Nachteile geben, wenn Sie von sich aus kündigen und Ihre Elternzeit so verkürzen. Man weiß schließlich nicht, was die Zukunft bringt. Vielleicht möchten Sie nach Ablauf der Elternzeit doch wieder zurück in Ihren alten Job. Falls Sie bei Ihrer Entscheidung bleiben, nicht in Ihr Unternehmen zurückzukehren, sollten Sie auch nicht kündigen, denn sonst werden Sie drei Monate für das Arbeitslosengeld gesperrt. Besser in so einem Fall: Lassen Sie sich kündigen. Dann haben Sie Anspruch auf 12 Monate Arbeitslosengeld und eventuell Gründungszuschuss, falls Sie sich selbstständig machen wollen.

INFO:
Arbeitslosengeld und Gründungszuschuss nach längerer Elternzeit
Wenn innerhalb der letzten zwei Jahre vor Entstehung des Anspruchs auf Arbeitslosengeld kein Bemessungszeitraum von mindestens 150 Tagen gebildet werden kann, wird das Arbeitslosengeld nicht nach dem Entgelt des Leistungsberechtigten bemessen (§ 133 Absatz 4 SGB III), sondern fiktiv berechnet. Das bedeutet, es wird fiktives Arbeitsentgelt zugrunde gelegt.
Bei der fiktiven Bemessung stellt die Agentur für Arbeit zunächst die Qualifikationsgruppe fest. Dann wird das tarifliche Entgelt, welches für solche Tätigkeiten gilt, zur Grundlage für die Bemessung des Arbeitslosengeldes gemacht. Hierbei gibt es natürlich erheblichen Interpretationsspielraum. Oft gruppieren Arbeitsagenturen Wiedereinsteiger zu gering ein. Im Zweifel: Lassen Sie sich die Grundlage der Berechnung erklären und widersprechen Sie, wenn dies für Sie nicht nachvollziehbar ist.
Seien Sie auch vorsichtig mit Ihren eigenen Angaben. Wenn Sie der Agentur melden, dass Sie nur Teilzeit arbeiten können, wird auch Ihr Arbeitslosengeld nur auf Teilzeitgrundlage berechnet. Auf diese Art und Weise kann viel Geld verloren gehen. Vor allem gilt das auch dann, wenn Sie nach spätestens neun Monaten Bezug Gründungszuschuss beantragen. Auch dieser würde sich dann auf Teilzeitbasis berechnen!

Strategien für den Wiedereinstieg

Sandra stolperte zufällig in ihren neuen Job. Der Nachbar suchte gerade Unterstützung in seinem neu gegründeten Unternehmen – sie übernahm erst das Büro und später die Vertriebsleitung. Karola ließ sich beraten, machte einen Persönlichkeitstest und recherchierte verschiedene Berufs-profile. Sie stieß auf das Jobprofil eines Personal Trainer und arbeitet heute begeistert in diesem Beruf auf selbstständiger Basis.

Zufälle sind eher selten. Die meisten Frauen und Männer erschließen sich die neuen Jobperspektiven erst langsam. Und immer öfter beginnt der Wiedereinstieg mit einer zweiten Ausbildung oder einer Wei-terbildung – auch deshalb, weil Bildung immer weiter an Bedeutung gewinnt und Wissen nur eine sehr kurze Halbwertszeit hat. Einmal gelernt, immer gekonnt – das gilt schon lange nicht mehr. So beginnt der Wiedereinstieg manchmal etwas mühsam, ist mit persönlichen Opfern, Zeit- und Geldeinsatz verbunden. Doch die Zufriedenheit und das Selbstbewusstsein, das entsteht, wenn die berufliche Ausbildung, die Weiterbildung oder der engagierte Quereinstieg geschafft ist und alle Hindernisse bewältigt sind, gleichen das mit Sicherheit wieder aus.

Folgende Wege für den Wiedereinstieg in den Beruf gibt es:
- Wiedereinstieg mit direktem Quereinstieg in einen neuen Beruf
- Wiedereinstieg mit dualer Ausbildung, auch in Teilzeit möglich
- Wiedereinstieg mit Umschulung
- Wiedereinstieg mit Weiterbildung, also Verbesserung der Qualifi-kation auf Basis des alten Berufs
- Wiedereinstieg mit Studium – Bachelor oder Master –, inzwischen auch ohne Abitur möglich
- Wiedereinstieg per Fernlehrgang, der Punkt 2 bis 4 von zu Hause aus ermöglicht
- Existenzgründung

Schauen wir uns die einzelnen Möglichkeiten einmal genauer an.

Quereinstieg

Per Zufall irgendwo reinstolpern: Meist gelingt das Menschen mit einem guten Netzwerk. Oder: Menschen, die ein gutes Netzwerk nicht nur haben, sondern auch zu nutzen wissen. Mit Kontakten ist fast alles möglich: Da wird die ehemalige Kundenberaterin zur Einkaufsleiterin oder der Bürokaufmann zum Marketingleiter. Meist geht das so: Sie kennen jemanden oder jemanden, der jemanden kennt, der … ein eigenes Unternehmen hat oder gerade gründet oder in einem Betrieb eine verantwortungsvolle Position bekleidet. Sie hören davon, dass irgendwo dringender Bedarf ist, oder informieren so viele Bekannte über Ihre Jobsuche, dass diese Sie informieren, wenn sie von einer offenen Stelle erfahren.

Wir sehen: Quereinstieg ist etwas für Menschen, die viel mit anderen Menschen zu tun haben. Für alle anderen ist es eher schwer. „Ich kann doch nicht einfach XY fragen" oder „Das geht doch nicht" – solche Glaubenssätze stehen einem Quereinstieg im Weg. „Alles ist möglich" oder „Ich schaffe das" sind dagegen Unterstützer auf nahezu jedem Weg, nicht nur dem nach oben.

Realistisch betrachtet sind andere Quereinstiege sehr schwer. Einfach Bewerbungsunterlagen schicken? Der deutsche Personaler mag keine Lebensläufe mit Lücken und ohne „roten Faden" – also einer klaren Linie von ähnlichen Tätigkeiten in möglichst gleichen Branchen. Natürlich verändert sich das gerade – in dem Fall: Globalisierung und Internationalisierung sei Dank. In anderen Ländern sind Berufe nämlich meist viel, viel durchlässiger als bei uns. Doch noch gibt es eben ein überwiegend konservatives Auswahlverhalten. Und nur wenn man jemanden persönlich kennt, wird dieses durchbrochen. Deshalb ist ein Zaubermittel bei der Suche nach dem „anderen Job" auch der Aufbau von Kontakten oder das Weiterspinnen des eigenen Netzwerks.

Wie erfolgreich eine Initiativbewerbung auf einen Job ist, der nicht der ursprünglichen Ausbildung entspricht, hängt von vier Faktoren ab:

- Der konjunkturellen Lage und dem aktuellen Bedarf in der entsprechenden Branche oder/und in dem Beruf oder der Funktion. Kurz zur Erklärung: Bäcker ist ein Beruf, Vertriebsassistent eine Funktion.
- Der Größe des Unternehmens: Je kleiner, desto leichter entscheidet sich ein Verantwortlicher gegen den Strom und riskiert ein „Experiment".
- Vom eigenen Lebenslauf: Es gibt spannende, bunte Lebensläufe, in denen Bewerber zeigen, dass sie sich konstant weiterentwickelt haben. Und andere, die relativ wenig vorzuweisen haben.
- Von der Bewerbungsstrategie und der Schlagkraft der Unterlagen.

An Punkt vier können Sie relativ leicht arbeiten – dafür verweisen wir hier auf das letzte Kapitel über die Bewerbung zum Wiedereinstieg. Auch wenn Sie es schaffen, direkt in einen Job einzusteigen, bleibt das Thema Weiterbildung übrigens zentral. Schließlich geht es auch darum, diese Position, die sich vielleicht zufällig ergeben hat, zu festigen. Dies macht einen späteren Arbeitgeberwechsel leichter.

Ausbildung

Wenn Sie einen neuen Beruf erlernen möchten, ist eine duale Ausbildung eine echte Alternative zu einer sonstigen Qualifizierung. Die Unternehmen suchen in einigen Branchen händeringend nach Auszubildenden, da die Zahl der Schulabgänger zurückgeht und die Qualifikation vieler junger Schulabgänger zu wünschen übrig lässt. In etlichen Berufszweigen werden also Auszubildende gesucht, und auch Anwärter in nicht mehr ganz jugendlichem Alter haben gute Chancen. Gerade kleine und mittlere Betriebe stellen gern auch ältere Auszubildende ein, weil sie zielorientierter und engagierter sind. Ganz praktische Gründe kommen dazu: Ältere Auszubildende halten die Ausbildung mit höherer Wahrscheinlichkeit durch, sie denken mit – und sind dabei auch preiswerte Arbeitskräfte. Der Nutzwert liegt also auf beiden Seiten.

Fallbeispiel:
Erik, 34 Jahre alt und im ersten Beruf Krankenpfleger, ist diesen Weg gegangen. Nach der Privatisierung des Krankenhauses nahm die Arbeitsbelastung extrem zu. Für die Ansprache der Patienten blieb kaum noch Zeit. Schon lange wünschte er sich, sein Hobby – die Bildhauerei – zum Beruf zu machen. Da er nicht als brotloser Künstler enden wollte, bewarb er sich als Steinmetz. Er ging bei zwei Unternehmen vorbei und stellte sich vor. Zwei Anfragen reichten, und der Ausbildungsvertrag war unterschrieben! Sein Fazit als ausgelernter Steinmetz: „Ich bin viel zufriedener und sehe meine berufliche Perspektive sehr positiv. Mein Verhältnis zum Chef ist ausgezeichnet, vielleicht werde ich den Betrieb später übernehmen."

Ausbildung in Teilzeit

Auszubildende erhalten eine Ausbildungsvergütung, die je nach Beruf differiert. Bei Krankenpflegern beträgt sie mehr als 800 Euro pro Monat, bei KFZ-Mechatronikern liegt sie zwischen 500 und 600 Euro – je nach Ausbildungsjahr und Bundesland.

Sie würden gern eine Ausbildung absolvieren, halten dies aber für unrealistisch, da Sie ein kleines Kind zu betreuen haben? Wenn Sie in dieser Zwickmühle stecken, könnte das neue Ausbildungsmodell in Teilzeit das für Sie passende Weiterbildungsmodell sein. Diese Möglichkeit gibt es seit einiger Zeit. Dabei haben Sie eine wöchentliche Arbeitszeit von 30 Stunden – sind also zu 75 Prozent anwesend. Falls die wöchentliche Präsenzpflicht mit 30 Stunden aus familiären Gründen immer noch zu hoch für Sie sein sollte, können Sie – sofern der Arbeitgeber mitspielt – ein Teilzeitmodell mit einer geringeren Arbeitszeit wählen.

Die Ausbildungszeit muss sich wegen der Teilzeit nicht in jedem Fall verlängern. Meistens ist es sogar möglich, die Teilzeitausbildung genauso wie die Vollzeitausbildung nach drei Jahren abzuschließen. Der Besuch der Berufsschule ist allerdings verpflichtend. Eine individuelle Regelung für den Besuch der Berufsschule, der ein- bis zweimal pro Woche oder manchmal auch im Blockunterricht stattfindet, ist derzeit nicht vorgesehen. Die Teilnahme am Unterricht in der Berufsschule ist also obligatorisch, auch wenn Sie an einer Teilzeitausbildung teilnehmen. Falls Sie sich für ein Teilzeitausbildungsmodell entscheiden, sinkt die monatliche Ausbildungsvergütung prozentual.

Natürlich muss sich zu diesem Modell der passende Arbeitgeber finden. Erfahrungsgemäß sind es eher größere Unternehmen, in denen eine Teilzeitausbildung möglich ist. In diesen Unternehmen ist die Akzeptanz neuer Arbeitsmodelle wie Jobsharing, Teilzeitarbeit und Elternzeitmodellen ohnehin höher als in kleineren. Doch nachfragen können Sie auch bei kleinen Firmen, ob sie sich auf eine Teilzeitausbildung einlassen. Familienfreundlichkeit ist mittlerweile ein Aushängeschild für Unternehmen – ob groß oder klein. Vielleicht bringen Sie aber ein kleines Unternehmen auch erst auf die Idee? Vielfach ist es das Engagement eines Bewerbers, das ungewöhnliche Modelle möglich macht. Spannend ist eine Teilzeitausbildung nämlich auch für kleinere und junge Unternehmen, die sich noch keinen Vollzeit-Azubi leisten können und auch noch nicht so viel Arbeit zu vergeben haben. Über Ausbildungsberufe – und welche es gibt – können Sie sich am besten im „Berufenet" der Bundesagentur für Arbeit (www.arbeitsagentur.de) informieren. Auch das Bundesinstitut für Berufsbildung (www.bibb.de) hält Informationen bereit. Hier findet sich auch eine Liste aller staatlich anerkannten Ausbildungsberufe.

Ein paar Ausbildungsberufe mit derzeit guten Chancen:
- Immobilienkaufmann
- Fachinformatiker Anwendungsentwicklung oder Systemintegration

- IT-Systemkaufmann
- Fitnesskaufmann
- Speditionskaufmann
- Schifffahrtskaufmann
- Kaufmann für Gesundheitswesen
- Fachkraft für Lagerlogistik
- Optiker
- Fachkraft für Dialogmarketing

Viele kaufmännische Ausbildungsberufe vermitteln branchenbezogenes und oft auch abteilungsübergreifendes Wissen.

Beispiel:
Der Schifffahrtskaufmann lernt die Bereiche Vertrieb, Marketing, Personal oder Finanzen kennen, wobei es Schwerpunkte geben kann. Ein späterer Branchenwechsel ist vielfach nicht so einfach, weil etwa eine Werbeagentur (hier gibt es den Ausbildungsberuf Kauffrau für Marketingkommunikation) ganz anders „funktioniert" als ein Industrieunternehmen (Industriekaufmann) oder gar der Buchhandel (Buchhändler ist ein kaufmännischer Lehrberuf). Branchenunabhängig sind beispielsweise der Bürokaufmann oder auch der Fachinformatiker. Bei der Entscheidung für einen Ausbildungsberuf sollten Sie dies mitbedenken. Branchenbezogenheit erleichtert den Einstieg, aber erschwert den Wechsel.

TIPP:
Wenn Sie eine Berufsausbildungsbeihilfe (BAB) erhalten, werden Ihnen anfallende Kinderbetreuungskosten in Höhe von 130 Euro pro Monat und Kind gewährt. Bei der Bundesagentur finden Sie einen speziellen Rechner, mit dem Sie ermitteln können, ob Sie berechtigt sind: babrechner.arbeitsagentur.de.

Abschluss nachholen

Haben Sie bereits gearbeitet, eine Ausbildung oder ein Studium begonnen? Dann können Sie auch ohne Ausbildungsvertrag eine Prüfung vor der Industrie- und Handelskammer ablegen und erhalten dann den Kaufmannsgehilfenbrief für Ihre Branche oder Ihren Bereich. Das nennt sich Externenprüfung. So können auch Studienabbrecher aller Fächer einen anerkannten Abschluss erwerben.

Beispiele:
Der Abbrecher der Informatik macht den Fachinformatiker, die ehemalige BWL-Studentin wird Marketingkommunikationskauffrau oder der Eventmanager Veranstaltungskaufmann. Einzige Voraussetzung: Sie müssen mindestens das Anderthalbfache der Zeit, die für die jeweilige Ausbildung vorgesehen ist, in einem Betrieb gearbeitet haben und das zum Beispiel anhand von Zeugnissen nachweisen können.

Beispiele:
Sie haben eine Ausbildung abgebrochen und dann jahrelang im Büro gearbeitet – absolvieren Sie doch die IHK-Prüfung zur Bürokauffrau. Nach einem abgebrochenen Jurastudium sind Sie als Hilfskraft in einem Versicherungsbüro gelandet – Sie könnten den Abschluss Versicherungskauffrau nachholen. Auch in einer selbstständigen Tätigkeit erworbene Berufserfahrung wird anerkannt. Das Gute daran: Die Prüfungen sind in der Regel kostenfrei und meist gar nicht so schwer. Sie haben ja Berufserfahrung.
Einige Weiterbildungsinstitute bieten Vorbereitungen auf die Externenprüfung an, etwa die Ebam Business Akademie, die es in allen großen Städten gibt (www.ebam.de). Diese Akademie bereitet die Abschlüsse Fitnesskaufmann, Kaufmann für Bürokommunikation, Bürokaufmann und Veranstaltungskaufmann vor. Auch Ferninstitute wie das ILS (www.ils.de) und die SGD (www.sgd.de) bieten solche Kurse an.

Umschulung

Eine Umschulung ist nicht der einzige und auch nicht der Königsweg, um sich beruflich zu entwickeln, doch die Vorteile dieser Qualifizierung liegen klar auf der Hand. Die Ausbildung wird finanziell übernommen – meist komplett mit Ausbildungs- und Unterhaltskosten (Wohnkosten, ggf. Fahrtkosten, Krankenversicherung, Rentenversicherung). Und die Ausbildungszeiten sind im Vergleich zur regulären Ausbildung zumeist um ein Drittel verkürzt. Viele Umschüler sehen es außerdem als Vorteil an, dass sie gemeinsam mit etwa gleichaltrigen Teilnehmern lernen, die genauso wie sie selbst mitten „im Leben stehen".

Während eine reguläre Ausbildung zumeist drei Jahre dauert, sind Umschulungen zeitlich verkürzt. In der Regel spart der Umschüler ein Drittel der Zeit: Während eine angehende Bürokauffrau also bei einer regulären Ausbildung zur Bürokauffrau drei Jahre lang lernt, dauert die Umschulungsmaßnahme zur Bürokauffrau nur zwei Jahre. Die reduzierte Ausbildungszeit wird damit begründet, dass die in der Regel schon älteren und ausbildungserfahreneren Umschüler bereits über ein berufliches Grundwissen und eine grundlegende Allgemeinbildung verfügen.

Viele wissen noch nicht, dass es auch sogenannte Einzelumschulungen gibt, die die Umschüler in einem privaten Betrieb absolvieren. Die meisten Umschüler nehmen jedoch an Gruppenumschulungen bei Berufsfachschulen oder bei Bildungsinstituten teil.

Wer kann umschulen?

Sie liebäugeln damit, sich mit einer Umschulung komplett neu zu qualifizieren und rechnen sich Chancen für eine Ausbildung in Ihrem Wunschberuf aus? Wenn beispielsweise die Jobchancen in Ihrem Erstberuf schlecht sind und Zeiten der Arbeitslosigkeit hinter Ihnen liegen, können Sie eine Umschulung beantragen. Auch wenn Sie nach einer Ausbildung jahrelang berufsfremd gearbeitet haben, kann das eine Umschulungsmaßnahme begründen. Möglicherweise haben Sie nach der Elternzeit trotz vieler Bewerbungen keinen Job in Ihrem alten Beruf gefunden und erwägen als Konsequenz einen Wiedereinstieg. Eine Umschulungsmaßnahme ist begründet, wenn damit „vorhandene oder drohende Arbeitslosigkeit des Kandidaten nachhaltig abgewendet wird", heißt es in trockenem Behördendeutsch.

So waren Sie vielleicht früher in der Telekommunikationsbranche, in der Werbung oder im Wellnessbereich tätig und haben die Erfahrung gemacht, dass hier jüngere Kandidaten meist bessere Karten haben. Die Chancen für Berufsrückkehrerinnen in den 40ern sind in diesen Branchen ungerechterweise oft nicht so gut. In anderen Berufsfeldern wie den technischen- oder auch den Büroberufen wandelt sich zurzeit das Anforderungsprofil so stark, dass wenige Jahre des Berufsausstiegs ausreichen, um komplett den Anschluss zu verlieren. Wenn Sie also nachweisen können, dass Sie in Ihrem Erstberuf kaum vermittelbar sind, kommt eine Umschulungsmaßnahme für Sie infrage.

Eine potenzielle Umschulungskandidatin oder ein Umschulungskandidat sind Sie außerdem, wenn Sie per Attest belegen, dass Sie im alten Beruf aus gesundheitlichen Gründen nicht mehr arbeiten können! So schulen viele Friseurinnen mit Chemikalienallergie um. Krankheitsbedingt wechseln Bürofachkräfte mit massiven Bandscheiben- und Rückenbeschwerden oder Krankenschwestern mit Burn-out-Syndrom in ein neues Tätigkeitsfeld. Die meisten Arbeitnehmer, denen eine Umschulung aus gesundheitlichen Gründen bewilligt wird, leiden übrigens berufsbedingt unter einer psychischen Erkrankung oder starken psychosomatischen Beschwerden.

Für eine Umschulung kommen Sie infrage,

- ab einem Alter von 18 Jahren;
- wenn im Erstberuf keine Jobchancen bestehen;
- wenn Sie aufgrund von Krankheit, Unfall oder psychischer Beeinträchtigungen nicht mehr im Erstberuf arbeiten können.

TIPP:
Im Kursverzeichnis der Agentur für Arbeit (infobub.arbeitsagentur.de) können Sie sich eine Übersicht aller zurzeit geförderten Umschulungsmaßnahmen in Ihrer Umgebung anzeigen lassen.

Wer trägt die Kosten?

Die Kosten für eine Umschulung übernehmen nicht nur die Agentur für Arbeit, die ARGEn bzw. die Jobcenter (zuständig für ALG II), die Kommunen, sondern auch die Deutsche Rentenversicherung als Träger der gesetzlichen Rentenversicherung. Auch kommunale Rehabilitationsträger, Unfallversicherungen und Berufsgenossenschaften zählen zu den Kostenträgern.

Umschulungsmaßnahmen werden mittlerweile meistens nach marktwirtschaftlichen Erwägungen durchgeführt. Das heißt, es werden Umschulungen in Berufe angeboten, die auf dem Arbeitsmarkt auch tatsächlich gefragt sind und die den Lebensunterhalt sichern. Allerdings gibt es Gegenbeispiele: Wenn die ARGE Sie zu einer Umschulung als Kosmetikerin bewegen möchte, überlegen Sie sich das gut. Sie werden nie vom Tropf des Arbeitsamtes loskommen, weil sie von einem Gehalt zwischen vier und sieben Euro pro Stunde nicht leben können.

Die Träger bieten zum Beispiel kostenlose Informationsnachmittage für potenzielle Umschulungskandidaten an (so z. B. das Berufsförderungswerk in Hamburg ohne Anmeldung jeden Dienstag ab 15.30 Uhr). Dort können sie sich über die angebotenen Berufe informieren und mit dem Berater darüber sprechen, welcher Beruf zu Ihnen passt und welche Chancen Sie in diesem Beruf haben. In der Beratungsstelle erhalten Sie Informationsmaterial und bekommen Tipps, wie Sie eine Umschulung vielleicht unproblematisch bewilligt bekommen.

Wichtig: Tendenziell haben sie als Kunde der ARGE und der Kommunen bessere Chancen, eine Umschulung finanziert zu bekommen, als durch die Agentur für Arbeit.

Die Agentur für Arbeit geht mittlerweile mit diesem arbeitsmarktpolitischen Instrument sehr sparsam um.

Wie beantragen?

Welche Umschulung passt zu Ihnen? Wenn Sie Ihre Wahl getroffen haben, lassen Sie sich einen Termin beim Berater der ARGE oder der Agentur für Arbeit geben. Jetzt ist Geduld gefragt. Wahrscheinlich benötigen Sie einen längeren Atem, denn es kann bis zu fünf Monate dauern, bis Sie einen Gesprächstermin bekommen. Danach kursiert Ihr Antrag auf Umschulung im Behördendschungel der ARGE oder der Arbeitsagentur. Vielleicht haben Sie Glück und erhalten schnell eine Bewilligung. Es kann aber auch bis zu einem Jahr dauern, bis Sie eine Antwort bekommen und entweder den gewünschten Bewilligungsbescheid oder leider eine Ablehnung in den Händen halten!

Bitte beachten Sie: Wenn es nicht um eine berufliche Rehabilitation geht, besteht kein Anspruch auf eine Umschulung. Die Bewilligung für eine Umschulung ist eine Kannleistung, was bedeutet, dass Sie keinen Anspruch auf eine Umschulung haben. Falls Sie einen Ablehnungsbescheid erhalten, müssen Sie aber nicht gleich aufgeben. Überlegen Sie, gegen eine Ablehnung einen sogenannten Widerspruch einzulegen, wobei unbedingt die Widerspruchsfrist zu beachten ist (im Regelfall ein Monat nach Zugang des Ablehnungsbescheides). Im Widerspruchsverfahren wird Ihr Anliegen zumeist von der Rechtsbehelfsstelle des jeweiligen Trägers noch einmal gründlich überprüft. Das kann schon reichen, um eine Bewilligung zu bekommen. Falls der Widerspruchsbescheid abschlägig ist, könnten Sie sich überlegen, beim Sozialgericht Klage einzureichen. Diese ist für Sie gerichtskostenfrei. Hat die Agentur für Arbeit die von Ihnen beantragte Umschulung abgelehnt, haben Sie außerdem die Möglichkeit, sich an einen anderen Umschulungsträger (siehe oben) zu wenden.

TIPP: Auf dem Gelernten aufbauen

Die ehemalige Krankenschwester schult um zur Kauffrau im Gesundheitswesen, die Tischlerin erlernt den Beruf der Ergotherapeutin. An dem alten Sprichwort „Schuster, bleib bei deinen Leisten", ist etwas dran. Denn den Job, in dem Sie Jahre oder sogar jahrzehntelang tätig waren, beherrschen Sie aus dem Effeff. Schade doch, wenn all das Know-how, das Sie in Ihrem früheren Berufsleben angesammelt haben, in der Zukunft völlig brachliegen soll. Es bietet sich daher an, sich so zu qualifizieren, dass Sie Ihre Fähigkeiten und Ihr Wissen in Ihrem neuen Beruf einbringen können. Eine aufbauende Qualifizierung bietet oft die besten Berufsaussichten. So kann die arbeitslose Germanistin ihr sprachliches Wissen als Logopädin einbringen und die ungelernte Fußpflegerin als Podologin. Oder Sie bringen Ihre Talente in den neuen Beruf ein. Eine gute Sportlerin wird sich vielleicht sehr wohlfühlen als Sport- und Fitnesskauffrau. Informieren Sie sich deshalb genau über alle Qualifizierungsmöglichkeiten.

Weiterbildung

Eine Weiterbildung baut auf dem auf, was Sie bereits haben oder baut eine Brücke zu einem neuen Berufsfeld. Es ist somit eine Zusatzqualifikation, die per Weiterbildung erworben wird.

Wenn Sie etwa als Krankenschwester oder mit einem anderen medizinischen Ausbildungsberuf eine Weiterbildung zur Study Nurse machen, qualifizieren Sie sich damit und können zu einem guten Gehalt bei Arzneimittelfirmen als Studienassistenz tätig werden. Die Weiterbildung (Infos unter www.studynurse.de) dauert sechs Monate und ist berufsbegleitend möglich. Der Bauingenieur oder die Architektin können mit einer Weiterbildung in Geoinformationssystemen ihre

Berufschancen verbessern. Mit einer Schulung in Projektmanagement bringen Techniker, ITler und auch Marketingexperten und Bürofachkräfte ihren Lebenslauf voran. Für Kaufleute, die sich im Bereich Personal weiterqualifizieren möchten, gibt es den anerkannten „Personalkaufmann IHK", den Sie in drei bis sechs Monaten erwerben können. Kurzum: Es gibt unzählige Möglichkeiten!

Weiterbildungen dauern meist einige Wochen bis mehrere Monate, überwiegend werden sie auch per Bildungsgutschein von der Bundesagentur für Arbeit gefördert. Das Gleiche gilt für kürzere Kurse und Seminare, die Fertigkeiten und Fähigkeiten vermitteln, die der Arbeitsmarkt benötigt. Dies kann der Englischkurs sein, der das Sprachniveau vom Einsteigerlevel A1 auf das Fortgeschrittenenniveau B2 bringt. Oder die EDV-Schulung, die aktuelle Kenntnisse in Computerprogrammen vermittelt. Beides ist für alljene wichtig, die im Büro arbeiten wollen. Ohne fortgeschrittene Computerkenntnisse geht heute fast gar nichts mehr! Natürlich können neben den Hard auch die Soft Skills, also die soziale Kompetenz, gefördert werden, etwa im Bereich der Kundenkommunikation oder der Präsentation.

Für eine radikale berufliche Veränderung ist eine Weiterbildung jedoch oft zu wenig.

BEISPIEL:

Ideal ist dieser Weg deshalb vor allem dann, wenn Sie bisherige Erfahrungen mitnehmen und ausbauen möchten. Wer mit einer Weiterbildung Brücken in einen neuen Bereich bauen möchte, braucht zusätzlich Praxiserfahrung. Wenn Sie etwa mit der Qualifikation Personalkaufmann vom Vertrieb in die Personalabteilung wechseln wollen, ist dies schwer möglich, wenn im Lebenslauf nur die Weiterbildung steht. Bemühen Sie sich also möglichst im Anschluss um ein Praktikum oder einen ersten Berufseinstieg.

Die besten Infos über berufsspezifische Weiterbildungen geben oft entsprechende Berufsverbände, etwa der Bundesverband Sekretariat und Büromanagement e.V. (bSb, www.bsb-office.de). Hier lassen sich teilweise auch verbandseigene Abschlüsse erwerben, etwa zur geprüften Fachkauffrau für Büromanagement oder zum geprüften Personalreferent beim bSb.

Weitere Infos:

- www.kursnet.de
- www.weiterbildung-hamburg.de, www.weiterbildung-berlin.de etc.

Studium

Wenn wir an unsere Studienzeit zurückdenken, sind wir nachträglich überzeugt, Studium und Kind hätten sich prima vereinbaren lassen – und bereuen es ein wenig, unsere Kinder erst mitten im Berufsleben bekommen zu haben. Heute ist es aufgrund der Neuordnung der Studiengänge sogar noch etwas leichter, als Studierender ein Kind aufzuziehen: Es gibt Studiengänge in Teilzeit, als Fernstudium und es gibt Kurse, die sich einzeln buchen und später in einen offiziellen Abschluss umwandeln lassen. Längst ist zum Studieren kein Abitur mehr notwendig und oft noch nicht einmal Fachhochschulreife.

Wenn Sie sich fachlich ganz neu orientieren oder sich tief greifend beruflich weiterbilden möchten, kann sich ein (zweites) Studium lohnen. Auch für alle mit Abitur oder Fachhochschulreife ist das Studium in Bachelorzeiten manchmal naheliegender als die Ausbildung – schließlich lässt es sich inzwischen schon innerhalb von drei Jahren bewältigen.

Einen Bachelorabschluss haben Sie heute nach sechs Semestern in der Tasche, der darauf aufbauende Master dauert nur zwei bis vier Semester. Wer bereits einen Studienabschluss hat, kann einen Master „aufsetzen", zum Beispiel „of Business Administration", den sogenannten MBA.

Das Studium läuft zwar viel verschulter ab als früher, und die Anzahl der Pflichtveranstaltungen ist ziemlich hoch. Doch es gibt die Möglichkeit zum Teilzeitstudium und viele Universitäten bieten heute vom frühen Morgen bis in den Abend Kinderbetreuung an. Interessant für Sie sind insbesondere die zertifizierten familiengerechten Hochschulen, die sich auf die Fahnen geschrieben haben, Eltern und Kinder besonders zu fördern.

HINTERGRUNDINFO:
Weil wir Deutschen recht spät Kinder bekommen, finden sich an deutschen Hochschulen vergleichsweise wenige Eltern. In den alten Bundesländern haben etwa sieben Prozent aller Studierenden Kinder, in den neuen Bundesländern sind es etwa neun Prozent. Damit sind Eltern mit Kind eine kleine Minderheit, und dementsprechend unzureichend sind bislang oft für sie die Bedingungen. Die Zertifizierungskampagne „Familiengerechte Hochschule" bringt seit einigen Jahren ordentlich Bewegung in familienfeindliche Strukturen an den Universitäten.

Die Zahl der Seminare und Vorlesungen pro Semester sind vorgeschrieben. Wer nach dem Bachelor ins Masterstudium wechseln will, braucht für etliche Fächer einen überdurchschnittlichen Notendurchschnitt.

Iris, Mutter von zwei kleinen Kindern, vom Leben beschenkt mit einem familienbewussten, engagierten Partner, studiert in Hamburg Sozialwirtschaft. „Jobben ist natürlich nicht möglich", fällt ihr als Erstes ein, als wir sie nach dem Leben als studierende Mutter fragen.
Iris' Vorlesungen und Seminare finden nicht nur werktags statt, sondern auch am Samstag. Nachhilfeunterricht für Studierende wird sogar am Sonntagvormittag um 10 Uhr angeboten.

Andere Mütter, die alleinerziehend sind oder nicht vom Partner unterstützt werden, nutzen den Service des Kinderbetreuungsvereins an der Hamburger Uni. Die Unieltern haben sich zusammengetan und einen privaten Kinderhort gegründet, in dem Eltern ihre Kinder zehn Stunden pro Woche unterbringen können. Kostenpunkt: 40 Euro im Monat. Das Angebot gilt täglich von 10 bis 18 Uhr – auch für Babys – und ist als zusätzliches Betreuungsangebot zu der Hortbetreuung über den Kita-Gutschein zu sehen.

Iris kennt sich gut aus, sie ist Ansprechpartnerin der Unieltern – außer ihrem Ehemann sind es übrigens fast ausschließlich Mütter. Eine Schwierigkeit für Studierende ist die Anwesenheitspflicht. Was tut die junge Mutter, wenn das Kind krank wird? Wie klärt die Studentin ab, dass sie ihr Baby mit in die Vorlesung nimmt und zu den Stillmahlzeiten nach draußen geht? „In einem Gespräch mit Dozenten und Professoren lässt sich vieles regeln, das Verständnis der Lehrkräfte ist oft größer, als man vermutet", sagt Iris. Weil die Hamburger Universität das Zertifikat „Familiengerechte Hochschule" anstrebe, wird das Unileben wohl demnächst kinderfreundlicher, glaubt sie. Ein Kinderspielplatz sei schon errichtet und die Finanzmittel für die Unieltern seien aufgestockt.

Initiiert von der Hertie-Stiftung „Beruf und Familie" werden seit 2001 Universitäten ausgezeichnet, die familienfreundliche Bedingungen für Studierende und Personal schaffen. Solche zertifizierten Hochschulen bieten auf jeden Fall einen verbesserten Service für Eltern.

TIPP: Teilzeitstudium für Alleinerziehende

Studieren ist verhältnismäßig leicht, wenn der Partner unterstützt und das Studium fördert. Doch viele Mütter leben oft unter finanziell prekären Verhältnissen. Gerade für Alleinerziehende ist es schwer. Die größte Hürde, die ihnen der Staat in den Weg legt: Mit über drei Jahre alten Kindern erhalten sie kein Hartz IV, gleichzeitig verfügen sie nicht über genügend Freizeit, um sich etwas dazuzuverdienen. Bei kleineren Kindern ist es allerdings möglich, trotz ALG II zu studieren – in Teilzeit. Der Staat wertet dann die Kindererziehung als Haupttätigkeit und das Studium als Nebenjob – so herum geht es.

Checkliste – diesen Service bieten familiengerechte Hochschulen:
- Verbesserte Kinderbetreuung, „Flying Nannies", Notfallbetreuung
- Verbesserte Beratung für studierende Eltern
- Flexiblere Prüfungstermine
- Studierende mit Kindern können bevorzugt zeitlich passende Seminare wählen
- Flexibilisierung der Anwesenheitspflicht
- E-Learning-Möglichkeiten
- Unterstützung bei der Jobsuche für Studierende mit Kindern

Welche Hochschulen sind zertifiziert?

Gut 65 Fachhochschulen und Universitäten haben sich inzwischen als familiengerechte Hochschule zertifiziert, unter anderem die Heinrich-Heine-Universität in Düsseldorf.

Finanzierung für Studierende mit Kind:

- BAföG – jedoch nur im Vollzeit-, nicht im Teilzeitstudium
- Kindergeld, ggf. Kindergeldzuschlag, Erziehungsgeld, Betreuungszuschlag
- ggf. Wohngeld
- ALG II bis zum dritten Lebensjahr des Kindes
- studentische Darlehen
- Sonderregelungen BAföG mit Kindern
- Verlängerung des Förderungsanspruchs aufgrund der Schwangerschaft um ein Semester
- Verlängerung um ein Semester pro Lebensjahr bis zur Vollendung des 5. Lebensjahres des Kindes
- Verlängerung um ein Semester für das 6. und 7. Lebensjahr und das 8. bis 10. Lebensjahr des Kindes
- Verlängerung möglich bei Erkrankung eines Kindes

Die neuen Abschlüsse

Durch die neuen Bachelor- und Masterabschlüsse ist vieles leichter geworden. Es ist aber auch Verwirrung wegen der vielen neuen Abschlüsse eingetreten. Zur Erläuterung haben wir Ihnen eine Übersicht mit Abschlüssen erstellt. Normalerweise gilt: Innerhalb eines Abschlusstyps (zum Beispiel „of Arts") können Sie weiterstudieren, also einen Master anhängen. Manchmal gelten beim sogenannten „konsekutiven", sich also direkt an das Bachelorstudium anhängenden Master noch weitere Einschränkungen, etwa bei der Note. In der Regel muss diese unter 2,5 und oft sogar unter 2,3 liegen, um weiterstudieren zu können. Das gilt nicht für Master, die Sie nach einer Wartezeit und zwischenzeitlicher Berufserfahrung erworben haben.

Abschluss	Abkürzung	Fächer
Bachelor of Arts/ Bachelor of Fine Arts, Bachelor Music	B. A. B. F. A B. Mus.	Geisteswissenschaften, künstlerische Studiengänge, oft auch Betriebs- oder Volkswirtschaftslehre (hier werden B. A. oder B. Sc. verliehen)
Bachelor of Education	B. Ed.	Abschluss für das Lehrerstudium (1. Staatsexamen, danach folgt Referendariat), befähigt aber noch nicht zur Lehre. Wird als 2-Fach-Bachelor studiert
Bachelor of Science	B. Sc.	Naturwissenschaften, auch Psychologie und Informatik
Bachelor of Engineering	B. Eng.	Ingenieurswissenschaften
Bachelor of Laws	LL. B.	Rechtswissenschaften
Bachelor with Honors	B. A. (hons.) – nur in einigen Ländern als eine Art „Bachelor plus", der teilweise auf den Master angerechnet wird	eigener Bachelorabschluss, kombinierbar mit allen Fächern

Abschluss	Abkürzung	Fächer
Master of Arts/ Master of Fine Arts, Master Music	M. A. M. F. A. M. Mus.	Geisteswissenschaften, künstlerische Studiengänge, oft auch Betriebs- oder Volkswirtschaftslehre (hier werden M. A. oder M. Sc. verliehen)
Master of Education	M. Ed.	Voraussetzung, um als Lehrer zu arbeiten
Master of Science	M. Sc.	Naturwissenschaften, auch Psychologie und Informatik
Master of Engineering	M. Eng.	Ingenieurswissenschaften
Master of Laws	LL. M.	Rechtswissenschaften
MBA	Master of Business Administration	Weiterbildungsstudiengang in Management

Studieren ohne Abitur

Längst ist nicht mehr unbedingt das Abitur für ein Studium nötig – auch nicht für ein Studium an einer Universität. Für die Fachhochschulen reichte ja schon immer eine Fachhochschulreife, also ein Abschluss der 12. Klasse. Leider ist die Zulassung uneinheitlich geregelt. Am einfachsten ist noch ein Zugang über die Fernakademien. In Hamburg können Sie beispielsweise Betriebswirtschaft und Wirtschaftspsychologie auch ohne Abitur studieren. Voraussetzung ist dann, dass Sie eine fachspezifische Fortbildungsprüfung absolviert haben, etwa den Betriebswirt IHK/VWA, den Techniker, Meister oder Bilanzbuchhalter. Alternativ waren Sie mindestens drei Jahre beruflich tätig. Das Interessante daran: Erziehungszeiten von bis zu zwei Jahren werden hier mit angerechnet. Die Regeln ähneln sich oft, dennoch gilt: Sie müssen sich im Einzelfall informieren. Bildung ist in Deutschland Ländersache, das heißt, die Bundesländer entscheiden selbstständig über die Zulassung zum Studium.

Meist gibt es einen gewissen Prozentsatz an Studienplätzen, der für Nichtabiturienten an den Universitäten freigehalten wird. Dies gilt für alle Fächer – außer Medizin. Bewerber müssen eine Prüfung absolvieren, für die es Vorbereitungskurse gibt.

TIPP: Schulabschlüsse nachholen
Auch Schulabschlüsse lassen sich per Fernstudium nachholen, ebenso an Volkshochschulen und regionalen Instituten.

VWA und IHK: Zwischen Ausbildung und Studium

Es gibt sogenannte fachspezifische Abschlüsse, die kein richtiges Studium sind und auch keine richtige Ausbildung, sondern irgendwo dazwischen liegen. Oft schließen Sie mit dem Zusatz „-wirt" ab. So gibt es den Bankbetriebswirt, der nach seiner Banklehre eine betriebswirtschaftliche Weiterbildung mit einer anschließenden Prüfung absolviert hat.

Sehr verbreitet sind der Betriebswirt IHK und der Betriebswirt VWA, die berufsbegleitend konzipiert sind und sich deshalb auch für die Erziehungszeit eignen. Die Studienzeiten liegen in den Abendstunden und am Samstag – wenn der Partner zu Hause ist und sich um die Kinder kümmern kann. VWA steht für Verwaltungs- und Wirtschaftsakademie und ist eine fast 100 Jahre alte Einrichtung, die Praktikern ohne Abitur ein nicht staatliches Studium ermöglichen will. Inzwischen kann an der VWA im Anschluss beispielsweise an den Betriebswirt (VWA) auch ein Bachelor absolviert werden. Auch themenspezifische Abschlüsse für IT, Marketing, Personal oder Logistik sind möglich. Die Kurse funktionieren wie ein Baukastensystem. Sie können „kleinere" Abschlüsse erwerben und später aufstocken. Mit rund 120 Euro im Monat ist das Studium im Vergleich zu Bachelor- und erst recht Masterstudiengängen günstig. Die Finanzierung ist beispielsweise über den Bildungskredit möglich, in der Einzelfallentscheidung kann auch die Bundesagentur für Arbeit eine Förderung übernehmen. Mütter und Väter in Elternzeit können sich an der VWA einschreiben. Wer sich nicht mehr in Elternzeit befindet und somit nicht über einen Arbeitgeber versichert ist, kann an den Schulungen nicht teilnehmen. Leider können nur Sozialversicherungspflichtige die Angebote der VWA nutzen, ein Minijob reicht da nicht aus. Auch Selbstständigen stehen die Veranstaltungen der VWA offen. Wenn Sie noch einen Arbeitgeber haben, übernimmt dieser eventuell einen Teil der Kosten. Fragen lohnt sich immer!

In der Wirtschaft ist der Abschluss der VWA etwas höher angesiedelt als der der IHK (Industrie- und Handelskammer). Das mag mit Prüfungen, dem Ansehen der IHK als staatliche Instanz oder Erfahrungen zusammenhängen – oder mit allem zusammen.

Fernlehrgang

Sie möchten sich weiterbilden oder studieren, sind aber zu Hause gebunden und weder mobil noch flexibel? In diesem Fall kann ein Fernlehrgang der passende Weg zur Qualifizierung sein. So bieten das Institut für Fernlernsysteme ILS, die Studiengemeinschaft Darmstadt (SGD) oder auch die Fernakademie Klett viele interessante Weiterbildungen und auch zertifizierte IHK-Berufsabschlüsse und Schulabschlüsse an. Dazu gibt es Universitäten und Hochschulen mit Fern- und Weiterbildungsstudiengängen. Wer gut in Englisch ist, kann auch an der Open University offizielle und internationale Abschlüsse erwerben.

Wiedereinsteigerinnen können, wenn sie die richtigen Argumente dafür bringen, über einen Bildungsgutschein an einem Studium oder Kurs teilnehmen. Bei einem Fernstudium lernen Sie allerdings nicht nur zu Hause, Präsenzzeiten an der Hochschule oder Akademie müssen Sie mit einplanen. Auch Weiterbildungen beinhalten oft eine Präsenzphase. Zumindest für die Abschlussprüfung – etwa zum Psychologischen Berater beim ILS – müssen Sie vor Ort sein.

Während der Präsenzzeiten haben Sie Gelegenheit, den Kontakt zu den Dozenten und Mitschülern aufzubauen, direkt Fragen zu stellen und sich fachlich in die Diskussion einzubringen. Interessant für junge Eltern ist das Angebot der Studiengemeinschaft Darmstadt, die einen Kinderservice während der Präsenzzeiten anbietet. Zum Familienservice der SGD gehören eine Beratung zum Fernstudium mit Familie, ein Onlinetraining und ein „Eltern-Forum". Auch das ILS bietet einen besonderen Service für Eltern mit Kindern.

Infos zu Fernlehrschulen

- Zentralstelle für Fernstudien an Fachhochschulen (www.zfh.de/ratgeber.pdf)
- Euro FH in Hamburg (www.euro-fh.de): Betriebswirtschaft, Wirtschaftsjura und MBA in 24 Monaten für Nichtwirtschaftswissenschaftler (530 Euro/Monat)
- Akad in Pinneberg bei Hamburg (www.akad.de): Betriebswirtschaft, Wirtschaftsübersetzen, Maschinenbau, MBA in 30 Monaten (390 Euro/Monat).
- Studiengemeinschaft Darmstadt SGD (www.sgd.de): verschiedene IHK-Abschlüsse im kaufmännischen und technischen Bereich
- Fernakademie Klett (www.fernakademie-klett.de): viele akademiespezifische Abschlüsse, auch im Bereich IT und Technik sowie IHK-Kurse.
- Institut für Lernsysteme ILS (www.ils.de): Schul- und Berufsabschlüsse, kooperiert bei Studien mit der Euro FH
- Fernuniversität Hagen (www.fernuni-hagen.de): vielseitiges Studienangebot mit Mathematik, Informatik und Wirtschaftswissenschaften, kein MBA
- Open University (open.ac.uk): Der MBA kann hier auch ohne vorheriges Hochschulstudium erworben werden, allerdings läuft das

Studium komplett auf Englisch. Das UK Higher Education Funding Council bewertet die OU Business School mit der Note „exzellent" sowohl in Bezug auf die Lehre als auch in Bezug auf die Studierendenbetreuung, MBA ca. 430 Euro/Monat

- Mehr Infos über die Arbeitsgemeinschaft für das Fernstudium an Hochschulen (ecampus.zfuw.uni-kl.de)
- Fernstudium direkt (www.fernstudium-direkt.de): alle Fernstudienangebote im Überblick

E-Learning-Studiengänge und E-Learning-Kurse

- Virtuelle Hochschule Baden-Württemberg (www.virtuelle-hochschule.de): Projekte für Hochschulen im Ländle, kein eigener Studiengang
- Virtuelle Hochschule Bayern (www.vhb.org): wie oben, bietet Onlinekurse für einzelne Fächer bayerischer Universitäten von Medizin bis Informatik
- Teleakademie Furtwangen (www.tele-ak.fh-furtwangen.de): Telekurse z. B. im Informatikbereich
- Fernuni Hagen (www.fernuni-hagen.de): Fernstudium mit Onlinemodulen, inzwischen gibt es hier auch einen Bachelor für Psychologie

Existenzgründung

Gerade für Frauen und Männer, die Zeit für ihre Familien haben und einigermaßen flexibel sein möchten, ist eine Selbstständigkeit ideal. Oft wird kolportiert, dass Unternehmertum mit 16-Stunden-Tagen verbunden ist. Das mag stimmen, wenn Sie eine Franchise-Restaurantkette übernehmen. Es ist Unsinn, wenn Sie sich als Freiberuflerin etwa im Gesundheitsbereich mit kreativen Ideen oder im Bereich Design, Foto, PR, Marketing, Text, Coaching oder Beratung selbst-

ständig machen. Ein Internetshop ist ideal, wenn Sie kaum Kunden-
termine wahrnehmen können, weil die Kinder noch klein sind.
Zudem eignen sich viele weitere Tätigkeiten für die Arbeit von zu
Hause aus. Auch viele der im Berufsbilderteil vorgestellten Jobs sind
freiberuflich, sodass eine vorherige Existenzgründung nötig ist. Der
Staat erleichtert das durch den Gründungszuschuss.

*Maria hat drei kleine Kinder, das jüngste ist sieben Monate. Schon wäh-
rend der dritten Schwangerschaft hat sie die Existenzgründung vorbereitet.
In ihrem Internetshop vertreibt sie Strickmode für Kinder. Ein Minijobber
hilft ihr bei der Organisation und Buchhaltung. Beide arbeiten im Wohn-
zimmer, wenn der jeweilige Partner morgens aus dem Haus ist. Insgesamt
investiert sie zehn Stunden in der Woche, was sie langsam aufstocken
möchte. Die Hauptmotivation für den Shop war, etwas Eigenes zu haben
und unabhängig vom Einkommen des Partners zu sein. Das klappt ganz
gut. Jeden Monat klettern die Umsätze, und Maria liegt schon nach einem
halben Jahr in der Gewinnzone.*

Endlich der eigene Herr sein, einen Ausgleich haben und mit dem
Hobby Geld verdienen. Oft ist die nebenberufliche Gründung auch
ein erster Schritt zur Realisierung des großen Traums Selbstständigkeit. Gerade für Frauen ist nebenberufliches Unternehmertum attraktiv. Der Anteil der Gründerinnen im Nebenerwerb liegt mit 45 Prozent um 17 Prozentpunkte über dem Anteil der Frauen im Vollerwerb
(28 Prozent). Ein Grund liegt in der einfachen Vereinbarkeit von Kindererziehung und nebenberuflicher Existenzgründung, gerade bei
freiberuflichen und künstlerischen Tätigkeiten.

Gründungszuschuss

Wenn Sie sich selbstständig machen wollen, unterstützt Sie der Staat,
sofern Sie kein Elterngeld mehr beziehen. Alle Gründungen von mehr
als 15 Stunden Aufwand in der Woche können Sie sich mit Grün-

dungszuschuss bis zu 15 Monate unterstützen lassen. Der parallele Bezug von Gründungszuschuss und Elterngeld ist nach neuesten Urteilen jedoch nicht möglich. Die Beantragung von Gründungszuschuss ist mit der Arbeitslosenmeldung gekoppelt und muss maximal vier Jahre nach Entstehen des Bezugs erfolgen. Allerdings dürfen höchstens drei Monate Restanspruch auf ALG I bestehen. Sie müssen auch mindestens einen Tag arbeitslos gewesen sein; ein direkter Übergang ist nicht möglich.

Für den Antrag auf Gründungszuschuss müssen Sie lediglich einen einfachen Businessplan und die Tragfähigkeitsbescheinigung einer beliebigen fachkundigen Stelle vorlegen (vom Unternehmensberater über die IHK bis zum Verein ist alles erlaubt). Musterbusinesspläne zu verschiedenen Geschäftsideen finden Sie etwa unter www.gruender-reports.de. Keine Angst vor diesen Formalien! Sie sind weniger schwer zu erfüllen, als es auf den ersten Blick erscheinen mag.

Beispiele:

Hanna hat ein Jahr Elterngeld erhalten und im Anschluss daran zwei Jahre als Tagesmutter auf geringfügiger Basis gearbeitet. Sie kann Ihre Tätigkeit aufgeben, sich arbeitslos melden und mit einer neuen Geschäftsidee Gründungszuschuss bekommen.

Sonja ist in der Arbeitslosigkeit schwanger geworden. Das ist dreieinhalb Jahre her. Es besteht ein Restanspruch von sechs Monaten. Sie kann weitere drei Monate Arbeitslosengeld beziehen und sich dann selbstständig machen.

Beziehen Sie ALG II, gibt es das Einstiegsgeld für maximal 24 Monate als freiwillige Leistung. Das Einstiegsgeld von rund 175 Euro soll es Ihnen ermöglichen, für die selbstständige Tätigkeit notwendige Anschaffungen zu tätigen. Alles, was Sie einnehmen, müssen Sie indes an die ARGE abgeben. Im Gegenzug sind Sie über die ARGE weiterhin kranken- und rentenversichert.

	Gründungszuschuss	Einstiegsgeld
Zielgruppe	Arbeitslose, die noch mindestens 90 Tage Anspruch auf ALG I haben.	ALG-II-Empfänger, die sich (wieder) selbstständig machen wollen
Elterngeld	nicht kombinierbar, der Gründungszuschuss wird angerechnet	–
Antrag	bei der örtlichen Bundesagentur für Arbeit	bei der örtlichen ARGE, teilweise Jobcenter genannt
Dauer	maximal 15 Monate. Nach neun Monaten nur noch 300 Euro pro Monat, erneuter Antrag erforderlich	oft sechs oder 12 Monate, maximal 24 Monate (in den letzten Monaten kann gekürzt werden)
Höhe	In den ersten neun Monaten entspricht der Gründungszuschuss der Höhe des ALG I zzgl. 300 Euro für Sozialversicherungsabgaben. Für die folgenden sechs Fördermonate ist ein neuer Antrag notwendig. Die Förderhöhe liegt dann pauschal bei 300 Euro pro Monat.	172 Euro zuzüglich zu den 345 Euro Regelleistung, die ein Alleinstehender für die Lebenshaltung erhält. Pro Familienmitglied gibt es ca. 35 Euro dazu. Ihren Gewinn dürfen Sie leider nur zu einem Minibruchteil behalten. Der Freibetrag für Zuverdienste zum ALG II wird als Prozentsatz des monatlichen Bruttoeinkommens berechnet und beträgt 15 Prozent bis zu einem Einkommen von 1.500 Euro. Im Intervall zwischen 400 und 900 Euro gilt ein erhöhter Satz von 30 Prozent.
Rechtsform	keine Beschränkungen	keine Beschränkungen
Teamgründung	ja, Sie müssen aber mindestens 50 Prozent Gesellschafteranteile erwerben	ja

	Gründungszuschuss	Einstiegsgeld
Art der Selbst-ständigkeit	keine Beschränkungen, Unternehmer darf nicht weisungsgebunden sein und muss unternehme-risch handeln; die Selbst-ständigkeit muss haupt-beruflich ausgeübt werden, d. h. mindestens 15 Stunden pro Woche	keine Beschränkungen, Unternehmer darf nicht weisungsgebunden sein und muss unternehmerisch handeln; die Selbstständigkeit muss hauptberuflich ausgeübt werden, d. h. mindestens 15 Stunden pro Woche
Kranken-versicherung	freiwillige Versicherung	Während der Bezugsdauer sind Sie i. d. R. über die ARGE versichert.
Renten-versicherung	nur bestimmte Berufe	über ARGEn
Zweitjob in Festanstellung	Minijob und Teilzeit, die Höhe des Zuverdienstes ist nicht begrenzt	theoretisch möglich, allerdings müssen Sie das Geld dann an die ARGE weiterreichen
Mindest-einkommen	keines	keines
Prüfung des Geschäfts-modells	Businessplan, der von fachkundiger Stelle geprüft werden muss	i. d. R kurzes Unternehmens-konzept, das von fachkundiger Stelle geprüft werden muss
Steuerliche Behandlung	Förderung geht nicht in die Progression ein, hat also keinen Einfluss auf die Ermittlung des per-sönlichen Steuersatzes	Förderung geht nicht in die Progression ein, hat also keinen Einfluss auf die Ermittlung des persönlichen Steuersatzes
Steuerarten	abhängig von Rechts-form: bei Personenge-sellschaften Einkommen-steuer, andernfalls Körperschaftsteuer	abhängig von Rechtsform: bei Personengesellschaften Einkommensteuer, andernfalls Körperschaftsteuer
Verfall des Anspruchs	falls keine unternehmeri-sche Tätigkeit mehr ausgeübt wird	falls keine unternehmerische Tätigkeit mehr ausgeübt wird, Entscheidung des Fallmanagers

	Gründungszuschuss	Einstiegsgeld
Rechtsanspruch	ja, auf die ersten neun Monate	nein
Geeignet für	alle Bezieher von Arbeitslosengeld, die sich selbstständig machen wollen	alle, die sich über den Bezug von ALG II selbstständig machen wollen und nicht sofort davon leben können
Nicht geeignet …	–	falls sehr hohe Investitionen nötig sind. Kredit ist bei ALG-II-Bezug unwahrscheinlich, Eigenkapital allerdings auch …
Verjährungsfrist	Für den Anspruch auf ALG I beträgt diese vier Jahre nach Eintritt der Arbeitslosigkeit – und im Zuge dessen auch auf Gründungszuschuss.	–
Vorteile	Geld bietet ein gutes Polster, um schnell in die Selbstständigkeit zu starten	Geld unterstützt ein wenig. In der Zeit des Bezugs werden Sie nicht zu 1-Euro-Jobs herangezogen.
Nachteile	Akquisitionsdruck ist gering, wenn der Gründungszuschuss hoch ausfällt. Für den Aufbau einer Existenz sind neun Monate viel zu kurz, auch 15 Monate reichen nicht. Kalkulieren Sie mit zwei bis drei Jahren, bis Ihr Einkommen auf einem tragfähigen Niveau angelangt ist.	Das Geld reicht oft nicht, um wichtige Anschaffungen zu tätigen. Positiv: Sie können Anschaffungen in die monatliche Gewinn- und Verlustrechnung, die Sie der ARGE vorlegen, einbringen.

Warum sich der Wiedereinstieg lohnt

Wenn Sie Ihr eigenes Leben anschauen, kommen Sie vielleicht zu dem Schluss, dass Sie unter Ihren Möglichkeiten gelebt und Ihre besonderen Fähigkeiten nicht zum Wachsen gebracht haben. Vielleicht verspüren Sie auch eher eine unbestimmte Unzufriedenheit mit Ihrem Berufsleben und möchten es einfach noch einmal wissen. Wenn Ihre Motivation, beruflich etwas Neues anzufangen, groß ist, dann ist es sicherlich leichter, Hindernissen standzuhalten und nicht so schnell aufzugeben.

Herbst ist seit fast 20 Jahren als Weiterbildungsberater in Hamburg tätig. Er hat schon viele Menschen an einem beruflichen Scheideweg beraten. Wenn er mit Ratsuchenden spricht, die dauerhaft unglücklich in ihrem Beruf sind, rät er ihnen zu einem Neueinstieg. „Durchhalten um jeden Preis ist auch in Zeiten der Krise nicht der beste Weg, denn dann wird man auf Dauer krank", sagt er. In der Jugend habe man eine berufliche Entscheidung getroffen – eigen- oder fremdbestimmt. „Vielleicht steht man nach zehn oder 15 Jahren vor einer grundlegend neuen Weichenstellung", so Herbst. Warum soll man zwingend bis zur Rente denselben Beruf ausüben? Warum nicht lieber den Mut aufbringen und aus dem Karree springen – und sich noch einmal neu entscheiden. Die Anstrengungen einer neuen Ausbildung sind oft hoch, doch der Lohn – Freude an der Arbeit – kann für alle Mühen entschädigen.

Fallbeispiele:

Vor der Elternzeit hat Silke fast 15 Jahre als Steuerfachgehilfin gearbeitet. An die Jahre im Steuerbüro denkt sie nicht gern zurück. Als sie ihrem Mann erzählt, dass sie nicht in den Beruf zurückkehren möchte, zeigt er wenig Verständnis. „Warum gibst du das auf? Sei froh, dass du was hast". Es folgen lange Monate des Zweifelns und der Unsicherheit. Als ihre Tochter in den Kindergarten kommt, steht ihr Entschluss dennoch fest: Ich beginne eine neue Ausbildung im sozialen Bereich. Nach einer ausführlichen Beratung entscheidet sich Silke für eine Ausbildung zur Erzieherin. Eine entsprechende Fachschule liegt in der Nähe ihres Wohnortes, sodass sich die Schulzeiten mit der Kinderbetreuung vereinbaren lassen. Das anspruchsvolle Lernpensum zu bewältigen, fällt ihr schwer, aber sie hält durch, trotz mancher schlechter Note. Dass sie die richtige Entscheidung getroffen hat, wird ihr während des Anerkennungsjahres klar. Sie genießt das Kindergewusel und schätzt den ständigen Dialog mit ihren Teamkolleginnen. Silke hat Glück: Im Kindergarten, in dem sie das Praktikumsjahr absolviert, wird ein Platz frei. Sie wird übernommen.

Die Bürokauffrau Karen hat die Kinderpause genutzt, um endlich zu studieren. Mit sechs Semestern lässt sich heute schon ein vollwertiger Hochschulabschluss erwerben – vielfach ist das an einer Fernhochschule möglich und damit mit Kindern durchaus vereinbar. Als der Kleine drei Jahre alt war, hatte sie ihren Bachelor in Wirtschaftsinformatik in der Tasche – und viel bessere Berufschancen als vorher.

Neben einer starken Motivation benötigen Sie als Neueinsteiger einen gesunden Blick für das real Machbare. Wer einen längeren Ausstieg hinter sich hat, sollte sich zunächst überlegen, mit wem sie oder er über die beruflichen Pläne spricht. Manchmal sind die nahestehenden Menschen nicht die richtigen Gesprächspartner, weil sie vielleicht aus eigenem Interesse heraus gar nicht an einer Veränderung Ihrer Situation interessiert sind. Vielleicht ist die beste Freundin, die „immer an Sie geglaubt hat", die richtige Gesprächspartnerin. Möglicherweise ist die Arbeitsberaterin bei einem regionalen Weiterbildungsinstitut der passende Ansprechpartner, um über Ihre berufliche Zukunft zu sprechen. Auf jeden Fall sollten Sie den Dialog mit Außenstehenden suchen. Das gilt insbesondere, wenn Sie über einen längeren Zeitraum aus dem Berufsleben ausgestiegen waren.

Wenn man nicht nur Traumbildern nachhängt, sondern den Blick auf die reale Arbeitswelt richtet und zudem Flexibilität zeigt, ist der berufliche Neueinstieg auch in höherem Alter gut zu schaffen. Außerdem gibt es auch auf einem schwierigen Arbeitsmarkt Berufe, die gefragt sind. Ebenso sind zeitliche Einschränkungen oder wenig Mobilität letztendlich kein gravierendes Hindernis, weil es neue Möglichkeiten wie E-Learning oder Fernstudiengänge oder Fernausbildungsgänge gibt. Eine Reihe von zukunftsträchtigen Berufen stellen wir in diesem Kapitel vor. Interessante Berufsfelder wie der Gesundheits- und Pflegebereich, Büroberufe und technische Berufe werden separat aufgezeigt.

INFO: Wer kommt am schnellsten aus der Elternzeit zurück?
Gebäudereinigerinnen, Nahrungs- und Genussmittelverkäuferinnen sowie Köchinnen suchen nach der Elternzeit die längere Auszeit. Besonders lange Erwerbspausen gibt es zudem in Berufen mit Arbeitszeiten von mehr als 46 Wochenstunden, weil dies der Vereinbarkeit von Familie und Beruf entgegensteht – beispielsweise bei Hilfsarbeiterinnen, Friseurinnen oder Einzelhandelskauffrauen. Das Gegenteil ist der Fall bei Berufen mit flexiblen Arbeitszeiten und in denen viel am Wochenende und an Feiertagen gearbeitet wird (zum Beispiel Krankenschwestern, Restaurantfachfrauen und Stewardessen). Dieses Arbeitszeitmodell erleichtert es, die Aufgaben in der Familie mit dem Partner zu teilen. Auch in Berufen, in denen der Anteil von befristet Beschäftigten hoch ist (wie bei Ärztinnen und Sozialarbeiterinnen), kehren Frauen schneller in das Erwerbsleben zurück.

Warum Bildung das A und O ist

Noch eine Aus- oder Weiterbildung? Wenn Sie planen, sich neu zu qualifizieren, liegen Sie genau im Trend. In Zukunft wird kaum noch jemand länger als ein paar Jahre in einem Unternehmen tätig sein. Drei- bis viermal im Leben werden die Arbeitnehmer der Zukunft sogar ihren Beruf wechseln, sagen Studien – ihren Arbeitgeber noch öfter. Phasen der Berufstätigkeit werden sich abwechseln mit Ausbildungs- und Qualifizierungsphasen. Zeitweise werden die Berufstätigen der Zukunft im Angestelltenverhältnis tätig sein, um dann in eine

Selbstständigentätigkeit zu wechseln und später wieder in ein Arbeitnehmerverhältnis zurückzukehren.

Der Arbeitsmarkt bietet immer weniger feste und lang anhaltende Arbeitsverhältnisse, und je weniger stabil die Arbeitsverhältnisse werden, desto mehr Flexibilität wird von den Arbeitnehmern erwartet. Natürlich birgt ein „sicherer" Job so manche Vorteile. Doch mal ehrlich gesagt, bei sogenannten Lebensjobs macht sich doch schnell Routine breit, und die Entwicklungsmöglichkeiten sind ziemlich beschränkt. Bewegliche Arbeitsverhältnisse bieten ebenfalls Vorteile. Langeweile bleibt ein Fremdwort, Sie bleiben geistig in Bewegung und lernen bis ins hohe Alter.

Gerade bei jungen Eltern erweitert sich der eigene Horizont stark. Die Elternschaft geht oft mit einem tiefen persönlichen Umbruch einher, der sich möglicherweise auch auf die beruflichen Wünsche auswirkt. Erfahrungsgemäß entwickeln sich bei vielen jungen Müttern und Vätern dadurch auch neue Wünsche – auch nach beruflichen Perspektiven.

Unser Bildungssystem bietet vielerlei Wege, um sich beruflich zu verändern und die Spur zu wechseln. Sei es eine Qualifizierung innerhalb des bisherigen Berufsumfeldes, eine ganz neue Berufsausbildung oder auch ein Studium. Innerhalb der letzten Jahre hat sich diesbezüglich auf dem Bildungsmarkt sehr viel getan. So ist auch für Eltern mit eingeschränkter Mobilität und wenig zeitlicher Flexibilität das Angebot zur Qualifizierung und Ausbildung deutlich besser geworden.

Nicht immer erleben wir eine ähnliche Flexibilität bei Wiedereinsteigern. Nicht selten wird erwartet, dass einem Job und Weiterbildung auf dem silbernen Tablett präsentiert werden. Es kommt auch vor, dass Wiedereinsteiger ihre Familie über alles andere stellen und nicht bereit sind, Kompromisse in Sachen Weiterbildung zu machen oder etwa für die Zeit einer Weiterbildung die eigenen Vorstellungen von einer kindgerechten Betreuung hintanzustellen. Das aber ist ohne Frage nötig.

Bildungsgutschein & Co.: Richtiger Umgang mit der Agentur für Arbeit

Gehen Sie nicht sofort zur Bundesagentur für Arbeit. Informieren Sie sich zunächst. Je mehr Sie wissen, desto wahrscheinlicher können Sie durchsetzen, was Sie möchten. Über das Internetportal „Perspektive Wiedereinstieg" können Sie die jeweiligen Ansprechpartnerinnen in Ihrer Nähe ermitteln (www.perspektive-wiedereinstieg.de). Dies sind nicht unbedingt Berater der Bundesagentur für Arbeit. Im ersten Schritt empfehlen wir Ihnen einen Besuch bei einer Karriereberaterin oder Beratern von Frauennetzwerken und Weiterbildungseinrichtungen. Hier können Sie sich unabhängig informieren und klären, was Sie überhaupt wollen. Dies ist nämlich eine wichtige Voraussetzung, um Ihre Ziele bei der Bundesagentur durchzusetzen.

Erst im zweiten Schritt raten wir zum Besuch bei der Bundesagentur für Arbeit. Für das Gespräch bei dem Berater sollten Sie sich sorgfältig vorbereiten, denn es ist möglicherweise entscheidend für Ihr berufliches Fortkommen. Die Beratungsgespräche bei der Bundesagentur sind zeitlich eng getaktet. Machen Sie es ihm oder ihr leicht und legen Sie einen auf den aktuellen Stand gebrachten Lebenslauf („CV") vor. Ihren CV sollten Sie für das Gespräch mit so viel Sorgfalt gestalten, als wenn Sie sich bei einem Unternehmen bewerben.

Das „Vorstellungsgespräch" bei der Bundesagentur

Die Mitarbeiterin der Bundesagentur macht sich ein Bild von Ihrer Persönlichkeit und Ihrer Motivation und wird Ihnen – entsprechend Ihrer Qualifikation und dem persönlichen Eindruck, den sie gewinnt, eine Weiterbildung oder Umschulung empfehlen und Ihnen Jobvorschläge machen. Deshalb sollten Sie einen möglichst professionellen Eindruck hinterlassen und vollständige Unterlagen abgeben. Nehmen Sie sich Zeit für die Vorbereitung auf das Gespräch und ziehen Sie sich an wie für ein Vorstellungsgespräch!

Ganz wichtig: Wir empfehlen, sich erst für ein Gespräch in der Bundesagentur anzumelden, wenn Sie in Klausur gegangen sind und in etwa wissen, wohin die berufliche Reise gehen soll. Die Gesprächstermine mit einem Berater der Bundesagentur sind rar gesät, wahrscheinlich werden Sie warten müssen, bis Sie einen Termin bekommen. Wenn Sie sich weiterqualifizieren oder auch vielleicht in eine neue Richtung gehen möchten, studieren Sie vor dem Besuch bei der Bundesagentur das Kursverzeichnis der Bundesagentur im Internet und notieren Sie Weiterbildungen, die Ihnen interessant erscheinen. Im Kursverzeichnis unter www.kursnet.arbeitsagentur.de/kurs/index. html sind sämtliche Bildungsangebote deutschlandweit eingetragen. Die Kurse können regional und nach Inhalt abgerufen werden. Die Anbieter dieser Weiterbildungen kooperieren mit der Bundesagentur. Wenn Sie hingegen umschulungsberechtigt sind – wenn es in Ihrem Ausbildungsberuf keinerlei Chancen gibt oder Sie lange Zeit berufsbedingt krank waren – und eine neue Ausbildung für Sie infrage kommt, können Sie als Informationsquelle das Portal Berufe www.berufenet. arbeitsagentur.de/berufe/index.jsp der Bundesagentur nutzen. Sämtliche staatlich anerkannten Berufe sind dort eingetragen – mitsamt dem Tätigkeitsfeld, dem Gehalt, den Voraussetzungen und den Perspektiven in diesem Beruf.

Wenn die Beraterin ablehnt

Wenn Sie der Beraterin während des Gesprächs klar vermitteln, was Ihre beruflichen Perspektiven sind, wird sie das positiv vermerken. Es wird sicherlich gut ankommen, nicht passiv die Vorschläge der Beraterin entgegenzunehmen, sondern in etwa zu wissen, wie Sie Ihre Zukunft gestalten wollen. Aber es ist natürlich auch möglich, dass Ihre Wünsche von der Beraterin nicht angenommen werden: dass sie Ihnen also den ersehnten Bildungsgutschein nicht geben oder die Umschulung, die Ihnen als einziger Ausweg aus einem beruflichen Dilemma erschien, nicht gewähren will.

Was dann? Die Beraterin ist vielleicht ein Dreh- und Angelpunkt für Ihre Zukunft. Sie hat die Aufgabe, in Übereinstimmung mit Ihnen Ihre berufliche Zukunft zu planen. Hat sie Einwände gegen Ihre Pläne, informieren Sie sich zunächst, ob sie vielleicht recht hat. Bewertet die Beraterin Ihre Fähigkeiten oder Berufschancen anders als Sie selbst, ist es effektiver, nicht in eine offene Konfrontation zu gehen. Holen Sie sich Informationen von neutralen Stellen, etwa einer Karriere- oder Berufsberatung. Wenn alle Ihnen (vielleicht auch schriftlich) bestätigen, dass genau diese Aus- oder Weiterbildung richtig für Sie wäre, gehen Sie erneut auf Ihre Beraterin zu, freundlich und bestimmt. Wenn sie Ihnen Unterstützung verweigert, legen Sie Beschwerde ein und sprechen Sie mit dem Teamleiter.

Nach dem Gespräch sollten Sie die Informationen, die Sie von der Beraterin bekommen haben, prüfen. Sprechen Sie vor allem mit Menschen, die in dem von Ihnen angestrebten Beruf arbeiten oder die von Ihnen gewünschte Qualifizierung durchlaufen haben. Wie stehen sie beruflich da? Haben Sie einen guten Job? Haben sich die Einstiegschancen nach der Qualifizierung verbessert? Noch besser, Sie sprechen gleich mit Personalabteilungen von Unternehmen, die Sie interessieren. Wie schätzen diese die Weiterbildung ein? Erhöht das Ihre Chancen? Wenn Sie zwei Kurse zur Auswahl haben, sprechen Sie ruhig offen darüber. Die meisten Personaler helfen gern weiter, und manchmal ist so ein Gespräch ein Türöffner zu einem Praktikum oder einem ersten Vorstellungsgespräch.

TIPP: Vorher Berufschancen recherchieren

Eine ideale Rechercheplattform sind soziale Netzwerke wie Xing (www.xing.com). Geben Sie einfach Berufsbezeichnungen und Weiterbildungsnamen ein: Sie stoßen automatisch auf Personen, die diese absolviert haben. Anhand des Lebenslaufs sehen Sie die weitere Entwicklung. Trauen Sie sich, eine nette Mail zu schreiben und zu fragen, ob sich die Aus- oder Weiterbildung im Nachhinein gelohnt hat.

Meister-BAföG

Weniger bekannt als der Bildungsgutschein ist das Meister-BAföG. Dabei kann auch das Meister-BAföG eine kräftige Finanzspritze bei der Weiterbildung sein. Wenn Sie eine Ausbildung absolviert haben und über ein paar Jahre Berufserfahrung verfügen, können Sie von dieser Ausbildungsförderung profitieren. Der Begriff Meister-BAföG ist übrigens mittlerweile irreführend. Seit 2009 zählen nicht mehr nur Handwerker und Techniker, sondern ebenso Menschen in sozialen, kreativen und Gesundheitsberufen zum Kreis der Geförderten.

Wer sich also zum Betriebswirt, Marketingfachwirt oder Bilanzbuchhalter weiterbilden oder als Krankenpfleger, Altenpfleger oder Erzieher qualifizieren möchte, kann das Meister-BAföG in Anspruch nehmen. Die Ausbildung muss allerdings mindestens 400 Stunden umfassen, sie kann in Teilzeit oder Vollzeit durchgeführt werden. Meister-BAföG wird unabhängig vom Alter gewährt und kann insgesamt bis zu 10.226 Euro betragen. Neuerdings erhalten auch diejenigen, die bereits eine Fortbildung absolviert und vielleicht auch selbst bezahlt haben, Meister-BAföG. Auch bei einer Ausbildung an einer Fernakademie ist es möglich, Meister-BAföG zu beantragen – bei einem Hochschulstudium allerdings nicht.

Ines ist 34 Jahre alt und hat nach der Geburt ihrer beiden Kinder fünf Jahre im Beruf ausgesetzt. Nach der Elternpause entscheidet sich die ausgebildete Groß- und Außenhandelskauffrau für eine Aufstiegsweiterbildung zur IHK-zertifizierten Betriebswirtin. Mit einer Berufsausbildung in einem staatlich anerkannten Ausbildungsberuf und einer sechs Jahre langen Berufserfahrung kann sie Meister-BAföG beantragen, das ihr auch gewährt wird. Während der Weiterbildung erhält sie monatlich eine Summe von 1.050 Euro, für die weiteren Lehrgangskosten nimmt sie ein zinsgünstiges Darlehen der Bundeskreditanstalt auf.

Wie viel Geld gibt es?

Knapp ein Drittel der Lehrgangsgebühren wird über das Meister-BAföG abgedeckt. Der Restbetrag kann über ein zinsgünstiges Darlehen finanziert werden, das bis zu sechs Jahre zins- und tilgungsfrei ist. Bei einer Vollzeitmaßnahme erhalten Sie zudem eventuell einen Zuschuss zu den Unterhaltskosten und eventuell sogar Unterhaltskosten für Ehepartner und Kinder. Gute Schüler zahlen weniger! Wer die Prüfung mit Erfolg abschließt, dem werden 25 Prozent des Restdarlehens für die Lehrgangsgebühren erlassen.

Teilnehmer an Vollzeitlehrgängen erhalten folgenden Unterhaltsbeitrag:

- 675 Euro für Alleinstehende ohne Kind 229 Euro Zuschuss/446 Euro Darlehen
- 885 Euro für Alleinstehende mit einem Kind 334 Euro/551 Euro
- 890 Euro für Verheiratete 229 Euro/661 Euro
- 1.100 Euro für Verheiratete mit einem Kind 334 Euro/766 Euro
- 1.310 Euro für Verheiratete mit zwei Kindern 439 Euro/871 Euro

Für jedes weitere Kind erhöht sich dieser Betrag auf 210 Euro und wird zu 50 Prozent als Zuschuss geleistet. Alleinerziehende erhalten darüber hinaus pauschalisiert und ohne Kostennachweis einen Kinderbetreuungszuschlag von 113 Euro monatlich pro Kind.

Infos

- Kreditanstalt für Wiederaufbau (KfW, www.kfw.de)
- Information des Bundesbildungsministeriums (www.meister-bafög.info): leider teilweise unverständliche Fragen und Antworten
- SGD (www.sgd.de): Infobroschüre

Fördermöglichkeiten im Überblick

Förderungsart	Für wen?	Kurzbeschreibung	Wer fördert?	Infos
Bildungsgutschein	Gibt es für Menschen, die arbeitslos, von Arbeitslosigkeit bedroht oder ohne Berufsabschluss sind	Mit einem Bildungsgutschein wird eine Weiterbildung gefördert – d.h. die Weiterbildungskosten werden übernommen und die Weiterzahlung des Arbeitslosengeldes wird geregelt. Die Art der Qualifizierung wird gemeinsam mit dem Berater festgelegt, die Weiterbildungseinrichtung können Sie selbst auswählen. Der Bildungsgutschein muss innerhalb einer bestimmten Zeit eingelöst werden.	Der Antrag wird beim Berater der Agentur für Arbeit oder dem ARGE-Berater gestellt.	Weiterbildungsträger www.kursnet. arbeitsagentur.de/ kurs/portal
Umschulung	Gibt es für Menschen nach längerer Auszeit, z.B. Krankheit oder Kindererziehung, bei Berufskrankheit, bei schlechter Arbeitsmarktlage im erlernten Beruf, bei technischer Neuorientierung eines gesamten Berufes, bei fehlendem Berufsabschluss	Die Umschulung ist eine Möglichkeit, sich für eine neue Arbeitstätigkeit zu qualifizieren, wenn der alte Beruf nicht mehr ausgeübt werden kann. Eine Umschulung zu einem anerkannten IHK-Berufsabschluss oder zu einem Gesellenbrief. Die Dauer der Umschulung richtet sich nach der eigentlichen Ausbildungsdauer des jeweiligen Berufs. Meistens haben kaufmännische Ausbildungen eine Ausbildungszeit von drei Jahren (ab 21 Monate Umschulungszeit) und die technischen Berufe dreieinhalb Jahre (bis 24 Monate Umschulungszeit). Es gibt drei Umschulungsformen: Betrieb, Fachhochschule, Überbetriebliche Umschulung bei einem Bildungsträger	Eine Umschulung wird von diesen Trägern bewilligt: ■ Bundesagentur für Arbeit ■ Landesversicherungsanstalt als Träger der gesetzlichen Rentenversicherung ■ Kommunale Rehabilitationsträger ■ Unfallversicherungen ■ Berufsgenossenschaften ■ Bundeswehr	Weiterbildungsträger www.kursnet. arbeitsagentur.de/ kurs/portal

Förde-rungsart	Für wen?	Kurzbeschreibung	Wer fördert?	Infos
Meister-BAföG	Gefördert werden Berufe im Gesundheitswesen, sozial-pflegerische, sozial-pädagogische Berufe, Berufe im Bank-, technischem und Informatikbe-reich, Handwerks-berufe. Nicht gefördert werden akademi-sche Ausbildungen.	Die Ausbildung muss mindestens 400 Stunden umfassen, sie kann in Teilzeit oder Vollzeit durchgeführt werden. Meister-BAföG wird unab-hängig vom Alter gewährt und kann insgesamt bis zu 10.226 Euro betragen.	www.meister-bafoeg.info/de/99.php	Kreditanstalt für Wiederaufbau (www.kfw.de), www.meister-bafög.info, www.sgd.de
BAföG	Diese Ausbildungs-stätten sind förde-rungsfähig: Hochschulen (Unis), Höhere Fachschulen und Akademien, Abendschulen und Kollegs, Fach- und Fachoberschul-klassen, deren Voraussetzung nicht eine abgeschlos-sene Berufsausbil-dung ist, Haupt-, Real- und Gesamt-schulen (ab 10. Klasse), Gymna-sien (ab 10. Klasse), Berufsfachschulen (ab. 10. Klasse) Der Besuch der drei letztgenannten Schulen ist förde-rungsfähig, wenn man nicht mehr bei den Eltern lebt	Auszubildende mit Kindern können während der Ausbildung einen Kinderbetreuungs-zuschlag zusätzlich zu ihrem Bedarfssatz erhalten. Er wird pauschal als Vollzuschuss bezahlt und beträgt für das erste Kind 113 Euro monatlich. Für jedes weitere Kind kommen 85 Euro im Monat hinzu. Vorausset-zung ist, dass das Kind in ihrem Haushalt lebt und noch keine zehn Jahre alt ist. Der als Voll-zuschuss geleistete Zuschlag muss nicht zurückgezahlt werden. Studierende an Hoch-schulen, höheren Fach-schulen und Akademien müssen die Hälfte der in der Regelstudienzeit erhaltenen BAföG-Förde-rungssumme zurück-zahlen. Schüler-BAföG wird als Vollzuschuss gewährt und muss nicht zurückge-zahlt werden.	Bundesministerium für Bildung und Forschung Referat Öffentlich-keitsarbeit (www.bmbf.de)	Amt für Ausbil-dungsförderung, Studentenwerk-Hotline zum BAföG: 0800 2236341 www.das-neue-bafoeg.de http://www.bafoeg-rechner.de/Rechner/

Förde-rungsart	Für wen?	Kurzbeschreibung	Wer fördert?	Infos
WeGebAU	Gefördert werden Arbeitnehmer, die von Arbeitslosigkeit bedroht sind (Kurzarbeiter), Menschen mit abgeschlossener Berufsausbildung, die seit mindestens vier Jahren in an- oder ungelernter Tätigkeit beschäftigt sind und die erlernte Tätigkeit nicht mehr ausüben können, ältere Arbeitnehmer	Arbeitnehmer werden mit Arbeitsentgeltzuschüssen und Bildungsgutscheinen gefördert. Geförderte Arbeitnehmer haben die Möglichkeit, einen anerkannten Berufsabschluss oder einen meist zertifizierten Teilzeitabschluss zu erwerben. Die Weiterbildung findet während der betriebsüblichen Arbeitszeit statt.	Das Infoblatt „Qualifizieren statt Entlassen" bietet Informationen zu Kurzarbeit und Qualifizierung.	www.bundes-agentur.de

Funktionieren diese Wege für Sie nicht, ist zur Sicherung und Beschleunigung der Ausbildung eine Finanzierung durch einen zinsgünstigen Bildungskredit möglich. Die Förderung bekommen Sie unabhängig vom Einkommen und Vermögen. Der Bildungskredit kann von Studenten und Auszubildenden egal welchen Alters genutzt werden (www.bildungskredit.de).

TIPP:

Es reicht nicht für eine Umschulung, aber vielleicht für eine berufliche Orientierung: Wenn Sie weniger als 20.000 Euro pro Jahr versteuern müssen, dann können Sie vom Staat 154 Euro für Bildung bekommen – das kann auch ein Kurs zur beruflichen Orientierung etwa mit dem sogenannten ProfilPASS (www.profilpass.de) sein. Weitere Informationen unter: www.bildungspraemie.info. In NRW gibt es einen Bildungsscheck. Gefördert werden Arbeitnehmer aus kleinen und mittleren Betrieben im Bundesland – für die Nutzung ist also eine Anstellung nötig. Das Land übernimmt in der Regel die Hälfte der Kursgebühren, maximal 500 Euro. Info: www.callnrw.de/bildungsscheck.php.

TIPP:
Für eine berufliche Weiterbildung können Sie als Selbstzahler die Lehrgangsgebühren als Werbungskosten bei Ihrem Finanzamt geltend machen.

CHECKLISTE: Arbeitsagentur
- Informieren Sie sich über Ihre Rechte und Möglichkeiten, am besten direkt bei www.arbeitsagentur.de. Man kann leider nicht davon ausgehen, dass von den Beratern gegebene Informationen immer richtig sind.
- Klären Sie, ob noch Anspruch auf Arbeitslosengeld besteht und wenn ja, in welcher Höhe.
- Updaten Sie Ihren Lebenslauf – er sollte zeitlich aktualisiert und von der Form her modern sein – passend ist ein amerikanischer Lebenslauf, der mit dem letzten Job beginnt und die Stationen in thematischen Blöcken zusammenfasst.
- Suchen Sie am besten erst das Gespräch mit dem Berater, wenn Sie wissen, was Sie wollen. Eine Qualifizierung im gelernten Beruf? Eine neue Ausbildung? Ein Job? Eine Umschulung? Je klarer Ihre Wünsche sind, desto erfolgreicher wird das Gespräch.
- Ihr Eindruck entscheidet mit: Kleiden Sie sich wie für ein Vorstellungsgespräch und präsentieren Sie sich wie bei einem künftigen Arbeitgeber.
- Wenn der Berater oder die Beraterin nicht auf Ihre Wünsche eingeht, zeigen Sie Entgegenkommen und machen Sie Vorschläge. Beispiel: Sie rufen drei Unternehmen an und befragen diese zur Weiterbildung. Die Gesprächsnotiz legen Sie zur weiteren Entscheidungsfindung vor.

Die besten Berufe für Wiedereinsteiger

Sie möchten ganz konkret wissen, was Sie beruflich machen können? Das nächste Kapitel gibt Ihnen einen Überblick über Berufe, die sich speziell für Wiedereinsteiger anbieten. Wir haben nach folgenden Kriterien ausgewählt:

- Berufe, die Ihnen ohne oder mit wenig Weiterbildung offen stehen,
- Berufe, die speziell für ältere Bewerber geeignet sind,
- und/oder, die derzeit und in Zukunft gesucht sind.

Natürlich ist dieser Überblick nicht vollständig. Im vorherigen Kapitel haben Sie bereits zahlreiche Adressen bekommen, unter denen Sie weitere Berufe, Studiengänge und Weiterbildungen recherchieren können. Bevor es losgeht, geben wir noch eine kleine Klassifizierung von Tätigkeiten. Denn, logisch, nicht jeder kann alles. Je mehr ein Job der eigenen Persönlichkeit und dem eigenen Familientyp – den wir ja bereits am Anfang des Buches kennengelernt haben – entspricht, desto zufriedener werden Sie damit sein. Deshalb enthält auch jede Jobbeschreibung eine Angabe darüber, zu welchem Familien- und Persönlichkeitstyp sie passt.

Welcher Job passt zu mir?

Wenn Sie eine Farbe wären, welche wäre das? Welche würden Ihnen Ihre Freunde und Bekannten zuschreiben? Es könnte sein, dass dies viel mit Ihrer Berufswahl zu tun hat. Es gibt nämlich rote, grüne, blaue und gelbe Jobtypen und Jobs – und viele Mischtypen. Oft hat das wirklich mit der eigenen „gefühlten" Farbe zu tun.

Rote Typen

Ahnen Sie es schon? Rote Typen sind Menschen, die sich durchsetzen können, die Aufgaben in den Vordergrund stellen und auf andere zugehen können. Sie strahlen mehr oder weniger hohe Dominanz aus und sind in einer Gruppe immer schnell spürbar, weil sie die Leitung übernehmen. Kann sein, dass sie manchmal etwas zu viel reden oder andere nicht ausreden lassen. Sie merken, dass Sie eindeutig zu dieser Gruppe gehören, wenn es Ihnen leichtfällt, andere anzusprechen, auch am Telefon, und wenn Sie kein Problem damit haben, diesen Menschen auch etwas zu verkaufen. Möglich, dass Sie sich selbst nicht gern verkaufen – aber anderen „Dinge" oder Dienstleistungen schmackhaft zu machen, das ist Ihr Ding.

Adjektive, mit denen Sie sich identifizieren können:
- kontaktstark,
- überzeugend,
- führend,
- durchsetzungsstark.

Substantive, die passen:
- Macher,
- Gestalter.

Grüne Typen

Sie sind gern mit Menschen zusammen, aber das Wort „Verkauf" mögen Sie nicht. Beratung gefällt Ihnen besser. Sie sind intuitiv und können sehr spontan auf Menschen und Situationen reagieren. Es macht Ihnen Freude, wenn andere Ihnen eine Rückmeldung geben, sie reden gern und haben auch keine Angst, zu präsentieren und vor Menschen etwas vorzustellen. Dabei achten Sie aber auf den anderen, zuhören ist Ihnen wichtig. Vielleicht haben Sie auch ein soziales „Herz", das muss aber gar nicht notwendigerweise so sein. Auf jeden

Fall haben Sie Ideen, vielleicht sagen Sie sogar von sich, dass Ihnen immer etwas einfällt.

Adjektive, mit denen Sie sich identifizieren können:
- intuitiv,
- ideenreich,
- teamorientiert,
- beratungsstark,
- kommunikativ.

Substantive, die passen:
- Berater,
- Kommunikator.

Blaue Typen

Blaue Jobtypen sind oft eher Denker und ganz gern im Hintergrund tätig. Dort erarbeiten sie Konzepte, Strategien oder organisieren etwas. Ständig unter Menschen und im „Gewimmel" zu sein, ist diesem Typ eher ein Graus. Er beschäftigt sich gern mit Inhalten, mag es aber auch durchaus, mit Menschen zu tun zu haben. Dann bevorzugt er aber eine Rolle, in der er zurückhaltend agieren kann.

Adjektive, mit denen Sie sich identifizieren können:
- konzeptionell,
- analytisch,
- strategisch,
- organisationsstark,
- vorausschauend/planend.

Substantive, die passen:
- Denker,
- Stratege.

Gelbe Typen

Das hauptsächliche Kennzeichen der Gelben ist ihre Genauigkeit. Sie arbeiten im Hintergrund und sind dabei überzeugt, dass Details wichtig sind und es auf Qualität ankommt. Manchmal bezeichnen sie sich selbst als perfektionistisch, wobei es auch Perfektionisten gibt, die perfektionistisch sind, um Fehler zu vermeiden. Bei „echten" Gelben ist der Spaß an den Details der Motor, weniger das Feedback der anderen.

Adjektive, mit denen Sie sich identifizieren können:
- genau,
- zuverlässig,
- detailorientiert,
- gewissenhaft,
- qualitätsbewusst.

Substantive, die passen:
- Perfektionist,
- Administrator.

Mischtypen

Niemand ist nur das eine. Es gibt auch Menschen, die verschiedene Ausrichtungen in sich vereinen. Typisch ist aber, dass etwas dominiert, wenn auch nur leicht. Wenn es Sie interessiert, hier mehr über sich selbst herauszufinden, empfehlen wir Ihnen, einmal einen Persönlichkeitstest zu absolvieren. Davon gibt es viele verschiedene von unterschiedlicher Qualität und Aussagekraft. Bei Karriere & Entwicklung, der Karriereberatung der Autorin Svenja Hofert (www.karriereundentwicklung.de) können Sie zum Beispiel das Reiss Profile bekommen, das 16 Persönlichkeitsmerkmale gegenüberstellt und anhand dieser Merkmale eine klare Aussage darüber treffen kann, in welchen Berufen und in welchem Umfeld Sie sich am besten entfalten können.

Berufe im Büro

„Machen Sie doch was im Büro", empfahl eine Mitarbeiterin der Agentur für Arbeit. So schlecht ist dieser Tipp gar nicht. Hier ist für alle Typen etwas dabei, vor allem auch für Mischtypen, die gerne vielseitig arbeiten und sich selbst nicht unbedingt als Spezialist sehen.

Ein Überblick

Abteilung	Büroberufe	Voraussetzung
Zentralbereich/ Geschäftsführung	Geschäftsführungs- oder Vorstandsassistent, Teamsekretärinnen, Direktionssekretärin	Kaufmännische Ausbildung oder Studium (bei Assistenz)
Personal	Personalassistent und Personalreferent	Kaufmännische Ausbildung oder Ausbildung mit Zusatzqualifikation und Studium (vor allem für den Referenten)
Vertrieb	Vertriebsassistent, Mitarbeiter im Vertriebsinnendienst oder Unterstützung des Außendienstes	Kaufmännische Ausbildung oder Ausbildung und Studium
Marketing	Marketingassistent, Mitarbeiter Marketing	Kaufmännische Ausbildung, inzwischen fast immer Studium
Logistik	Teamsekretär, Assistent	Kaufmännische Ausbildung oder Studium, gerne mit Logistikbezug
IT/EDV	Assistent des IT-Leiters	Kaufmännische Ausbildung oder Studium (meist ist hier die Richtung zweitrangig)
Produktion	Assistent des Werksleiters o.ä.	Kaufmännische Ausbildung, teilweise Studium (in der Regel Ingenieur)

Die Tätigkeiten sind spannender als Sie vielleicht denken. Ob Akademikerin mit Studium oder Absolventin einer Ausbildung: Für alle gibt es passende Einstiegsmöglichkeiten im Büro.

Sekretär/in

Persönlichkeitstyp	Mischtypen, Schwerpunkt gelb
Wiedereinstiegstyp	FPT, UW, VR, U
Ausbildung	Studium oder Lehre
Zentrale Kompetenzen	PC-Kenntnisse, Sprachen
Familienvereinbarkeit	**
Jobchancen	***
Verdienst	***

Sekretärinnen sind heutzutage echte Allroundtalente. Trotz großen Wandels machen klassische Sekretariatsaufgaben weiterhin 50 Prozent der Tätigkeit aus.

Das kann Anke aus Köln bestätigen: Die gelernte Sekretärin ist in einer Dienstleistungsfirma tätig, bedient das Telefon, macht die Ablage und ist verantwortlich für die Reiseplanung. Sie schreibt Briefe, beantwortet E-Mails und erledigt die gesamte Korrespondenz. Gut zwei Drittel ihrer Arbeitszeit verbringt die gelernte Fremdsprachenkorrespondentin vor dem PC. Auch die Recherche im Internet und die Betreuung der Webseite fallen in ihren Aufgabenbereich. Sie organisiert Firmenpräsentationen und interne Mitarbeiterveranstaltungen. Organisatorische Tätigkeiten und Koordinationsaufgaben machen 25 Prozent ihrer Tätigkeit aus.

Damit übt Anke die klassischen Tätigkeiten einer Sekretärin aus, wie die Leitz-Studie 2009 belegt. Sekretärinnen wie Anke sind auf dem Arbeitsmarkt nach wie vor oft gesucht. Gleichzeitig hat sich parallel zur klassischen Sekretärin ein neues Berufsbild etabliert, das der Assistentin. Weil im Büro weniger verwaltet wird als früher und mehr produziert wird, ist dieser Berufszweig seit Jahren stark im Kommen. Assistentinnen übernehmen mehr Eigenverantwortung als die Sekre-

tärin, deren Aufgabe es ist, den Chef zu entlasten und ihm zuzuarbei-
ten. Assistentinnen sind über die Sekretariatsaufgaben hinaus auch oft
für die Pflege von Datenbanken zuständig, sie erstellen Grafiken und
Präsentationen.

Das Berufsbild der Sekretärin hat sich im letzten Jahrzehnt – parallel
zum Einzug der Computertechnologie – sehr gewandelt. Das bestätigt
die Leitz-Studie 2009, die sich mit dem Profil und Image von Sekretärinnen beschäftigt. Während eine Bürokraft bis in die 1990er-Jahre
hinein viel Zeit damit verbrachte, die Diktate ihres Chefs auf den
Stenoblock zu kritzeln, diese anschließend im monotonen Stakkato
in die Olivetti-Schreibmaschine einzuhämmern, ellenlange Buchhal-
tungslisten per Hand auszufüllen und halbe Tage am Faxgerät zu verbringen, sieht der jetzige Arbeitsalltag einer Sekretärin anders aus.

Typische Schreibbüros, die es früher in Unternehmen gab, wurden
flächendeckend aufgelöst. Heute tippen die meisten Manager Briefe
und Vorträge selbst. Der Sekretärin geben sie ihre Korrespondenz nur
noch zur Durchsicht und Formatierung.

INFO:

Der Büroalltag hat sich verdichtet. Statt stumpfsinniger Arbeit ist
Köpfchen gefragt. Die Sekretärin muss flexibel auf die Unwägbarkei-
ten des vielschichtigen Büroalltags reagieren. Multitasking ist das
Gebot der neuen Zeit: Die Sekretärin hat die E-Mails im Blick, führt
Telefonate, empfängt parallel dazu Gäste oder beantwortet die Fragen von Mitarbeitern. Der Terminkalender des Chefs liegt vor ihr auf
dem Tisch und will ständig aktualisiert werden. Die Sekretärin trägt
meistens die Verantwortung für das Abteilungsbudget und verwaltet
das Büromaterial.

Nicht immer arbeitet sie nur einem Chef zu. Das Sekretariat fungiert in
manchen Unternehmen auch als Servicezentrum für das gesamte Haus.
Oder die Büroangestellten sind zu Teams zusammengefasst, die für
eine ganze Vorstandsetage zuständig sind.

Was muss eine Sekretärin können?

Sehr gute Kenntnisse der gängigen Office-Programme gehören zu den Standardanforderungen. Auch als einfache Büroangestellte benötigen Sie gute Excel-, Powerpoint- und natürlich Outlook-Kenntnisse. Tabellenkalkulation ist kein Buch mit sieben Siegeln für Sie. Mit SAP- oder Navision-Kenntnissen gehören Sie zu den besser bezahlten Assistentinnen. Mit Buchhaltungs- oder manchmal auch HTML-(Internetprogrammierungs-)Kenntnissen haben Sie vor anderen Bewerberinnen einen Pluspunkt.

Ein fehlerfreies Deutsch in Wort und Schrift – auch die Beherrschung der neuen Rechtschreibung – wird vorausgesetzt. Sie sollten zudem eine gute sprachliche Ausdrucksfähigkeit besitzen. Fremdsprachenkenntnisse sind erwünscht, aber überraschenderweise macht derzeit im Berufsleben nur jede dritte Sekretärin von ihren Fremdsprachenkenntnissen Gebrauch. Dies ändert sich allerdings gerade radikal, da sich die Unternehmen mehr und mehr globalisieren. In internationalen Konzernen kommt eine Sekretärin nicht ohne gute bis sehr gute Fremdsprachenkenntnisse aus. Businessenglisch in Wort und Schrift wird bei großen Konzernen vorausgesetzt, zusätzlich sollten Sie eine weitere Fremdsprache beherrschen.

EDV-Kenntnisse	Wie wichtig
Word	+++
Outlook	++
Lotus Notes	+ (überwiegend bei US-Firmen im Einsatz)
Excel (Tabellenkalkulation)	++
Powerpoint	+++
Access/Datenbanken	++
Navision	++ (kleine Unternehmen), in der Buchhaltung +++
SAP/R3	+++ (große Unternehmen)

Sonstige Kenntnisse	Wie wichtig
Englisch	+++ (mindestens Stufe B1*)
Neue deutsche Rechtschreibung	+++
Weitere Sprachen	++ (am besten Spanisch, Französisch oder Chinesisch, Japanisch oder Russisch)
Veranstaltungsorganisation	+
Präsentationstechniken	++
Projektmanagement	++

* Niveaus nach Europass. Testen Sie sich in einem Sprachinstitut oder vorab kostenlos unter sprachtest.cornelsen.de.

Social Skills der Sekretärin

Von großer Bedeutung sind neben dem erforderlichen Computer-Know-how die sozialen Fähigkeiten. Auf die Frage nach der wichtigsten Eigenschaft ihrer Sekretärin antworteten 87 Prozent der Vorgesetzten mit dem Statement: Loyalität und Vertrauenswürdigkeit. Sekretär kommt aus dem lateinischen Wort secretus = Geheimnis. Plaudertaschen müssen sich bremsen, denn Verschwiegenheit gilt als eine der wichtigsten Tugenden einer Sekretärin. Empathie ist dagegen gefragt: Sekretärinnen sind Psychologinnen und Seelentröster. 76 Prozent der Chefs oder Chefinnen wünschen sich von ihrer Sekretärin Verständnis für ihre Persönlichkeit. Diese Aussage lässt sich dahin gehend übersetzen: Der Chef erwartet Akzeptanz seiner Launen und Wissen um seine Abneigungen und Vorlieben. Im Idealfall ist die Sekretärin die gute Fee im Vorzimmer, die den Stress dämpft, mit Diplomatie die Kommunikation zwischen Vorgesetztem und Mitarbeitern lenkt und für positive Stimmung sorgt.

Knapp darunter rangieren Hard Skills wie Computer- und Fremdsprachenkenntnisse. Da die Sekretärin auch Veranstaltungen und Reisen plant, hat das Organisationstalent einen hohen Stellenwert bei der

Einstellung. Wenn Sie also dokumentieren können, dass Sie früher Veranstaltungen geplant und durchgeführt haben, ist das ein dickes Plus in Ihrem CV.

Mittlerweile wissen die Chefs die Eigeninitiative ihrer Mitarbeiterinnen durchaus zu schätzen. Eine reine Befehlsempfängerin im Vorzimmer ist nicht mehr erwünscht. 69 Prozent der Vorgesetzten erwarten von ihren Sekretärinnen, dass sie im Büroalltag mitdenken. Als rechte Hand entlasten sie ihren Chef nicht nur von unwichtigeren Tätigkeiten, sondern unterstützen und beraten ihn bei Führungsaufgaben. „Die Sekretärin ist der Kopilot des Chefs", sagt Monika Gunkel, Vorsitzende des Bundesverbandes Sekretariat und Büromanagement.

Soft Skills	Wie wichtig
Gepflegte Erscheinung	+++
Organisationstalent	+++
Flexibilität, also die Bereitschaft, sich und die Aufgaben zu verändern	+++
Loyalität	+++
Zuverlässigkeit	+++
Teamgeist	+ (je nach Job auch mehr)
Freundlichkeit	+++
Diplomatie	+++

Das Äußere zählt

Man muss es so offen sagen: Sekretärinnen haben – zum Beispiel im Gegensatz zu Frauen in der Buchhaltung – in einigen Branchen bessere Chancen, wenn sie jünger sind. Das gilt in traditionell jungen Branchen wie der Werbung oder der Telekommunikation – während beispielsweise in der Schifffahrtsbranche, dem Versicherungswesen oder auch bei Banken das Alter der Bewerberin nachrangig ist.

Auf jeden Fall verkaufen sich Sekretärinnen nicht nur über ihre inneren Werte, sprich Fachkenntnisse, sondern auch über ihr Äußeres. „Eine Sekretärin kann mit einer ansprechenden Erscheinung, gepflegter Kleidung, guten Manieren und positivem Sozialverhalten punkten – und muss es sogar", sagt Udo Herbst, Hamburger Weiterbildungsberater. Bei dem hohen Arbeitstempo in einem Büro heutzutage zählt jedoch neben der gepflegten Erscheinung und vorhandenen Social Skills hauptsächlich die Produktivität der Sekretärin oder Assistentin, weniger das Alter oder die Berufsausbildung.

Erika, die nach drei Jahren als Vollzeitmutter demnächst wieder ins Büro zurückkehrt, will vorher shoppen gehen. Sie weiß, ihre Mama-Kleidung kann sie im Büro nicht tragen. „Hängepullover, weite Hemden, Gesundheitslatschen und tagein, tagaus Jeans, so kann ich im Büro nicht rumlaufen." In ihrer Zeit als Sekretärin trug sie vielleicht einmal pro Woche Jeans, ansonsten oft Rock, Bluse und Pumps oder eben einen Hosenanzug.

Rückkehr oder Quereinstieg?

Sekretärinnen sind auch auf einem schwierigen Arbeitsmarkt gefragt. So stehen die Chancen für Wiedereinsteigerinnen gut, wenn sie eine Ausbildung zur Kauffrau oder geprüften Sekretärin absolviert und mindestens zwei bis drei Jahre Berufserfahrung gesammelt haben. Zunächst müssen Sie als Rückkehrerin allerdings wieder beruflich sattelfest werden. Ohne Qualifizierung geht es nicht, denn die Anforderungen an Sekretärinnen verändern sich von Jahr zu Jahr. Denken Sie nur an die rasante Entwicklung der Computerprogramme!

Der Quereinstieg ins Büro ist infolge der Spezialisierung des Berufsbildes nicht mehr so einfach. Während früher Studienabbrecherinnen ohne Büropraxis problemlos einen Job als Sekretärin fanden, gelingt Berufseinsteigerinnen ohne Abschluss dieser Einstieg heute meist nur noch nach einer fundierten Fortbildung und einem Betriebspraktikum – oder eben über gute Kontakte und das eigene Netzwerk.

Auch für ausgebildete Bürofachkräfte ganz ohne Berufserfahrung sind die Einstiegschancen mitunter nicht so gut. Frauen, die an einer von der Bundesagentur für Arbeit geförderten Weiterbildung zur Bürokauffrau teilnahmen, haben häufig die Erfahrung gemacht, dass die Qualifizierung allein nicht reichte, um einen Job zu finden. Die Unternehmen erwarten Berufserfahrung. Hier helfen dann nur der Einstieg über eine Zeitarbeitsfirma und heruntergeschraubte Ansprüche an Bezahlung und Niveau. „Für Bürokräfte ohne Berufserfahrung kann eine Tätigkeit als reine Schreibkraft die Tür ins Berufsleben öffnen", weiß Arbeitsvermittlerin Helga Riese. Schreibkräfte, die teilweise auch Datentypistinnen genannt werden, geben Antragsdaten bei Dienstleistungsunternehmen ein oder sind in der Auftragssachbearbeitung tätig. Sie kommen häufig in Callcentern zum Einsatz.

Kompromisse beim Wiedereinstieg

Am Anfang sind die Tätigkeiten oft noch nicht so anspruchsvoll, hier gilt es, Kompromisse zwischen eigenem Anspruch und den Möglichkeiten auf dem Arbeitsmarkt zu schließen. Wer lange aus dem Job heraus war, muss die eine oder andere kleine „Kröte" schlucken.

Auch Anja begann nach einer geförderten Qualifizierung zur Bürokauffrau als Schreibkraft bei einem Versicherungsunternehmen. Ein ganzes Jahr lang nahm sie nur Kundendaten auf. Für die gelernte Goldschmiedin war die Monotonie des Jobs eine echte Herausforderung! Sie bemühte sich trotzdem, ihre Aufgaben bestmöglich zu erledigen. Freundliche Kollegen und gute betriebliche Bedingungen halfen ihr dabei. Nach 12 Monaten bot ihr die Vorgesetzte eine Stelle im Sekretariatsteam an. Seit vier Jahren erledigt Anja nun die Geschäftskorrespondenz und ist mit der Organisation von Tagungen betraut. Jeder Arbeitstag ist anders, von Langeweile keine Spur. Anja ist froh, dass sie während der Saure-Gurken-Zeit als „Schreibmaus" nicht aufgegeben hat.

Über Zeitarbeit ins Büro?

Zeitarbeitsfirmen gehören zu den großen Arbeitgebern im Büroarbeitsmarkt. Wenn Sie eine Teilzeitstelle suchen, haben Sie bei einer Zeitarbeitsfirma allerdings schlechte Karten. „Zeitarbeitsunternehmen bieten im Bürobereich zu 90 Prozent Vollzeitstellen an", sagt Petra Timm von der Firma Randstad. Die wenigen Teilzeitstellen der Unternehmen werden an Mitarbeiterinnen mit Familie vergeben.

Neben dem geringen Angebot an Teilzeitstellen ist das niedrigere Einkommen ein Grund dafür, dass Zeitarbeit nur bedingt interessant ist. Für den Einstieg über eine Zeitarbeitsfirma spricht aber wiederum, dass Sie recht gute Chancen haben, nach einigen Einsätzen von einem Unternehmen übernommen zu werden. Petra Timm, Pressesprecherin bei Randstad sagt: „Im Durchschnitt wird jede dritte Randstad-Angestellte innerhalb eines Jahres in ein direktes Arbeitsverhältnis übernommen." Ein weiteres Plus bei vielen Zeitarbeitsfirmen ist, dass sie zunächst ein Qualifikationsprofil der neuen Mitarbeiterin erstellen, diese vor dem ersten Arbeitseinsatz gezielt qualifizieren und so Wissenslücken füllen. „Wer auf der Suche nach einem Job ist und wen der Mut vielleicht schon verlassen hat, der sollte sich ruhig bei einer Zeitarbeitsfirma bewerben. Man bekommt Feedback und wird realistisch zu seiner Vermittelbarkeit eingeschätzt. Der eigene Marktwert wird klar", sagt Weiterbildungsberater Udo Herbst aus Hamburg.

Generell haben Zeitarbeitsfirmen in Deutschland einen eher schlechten Ruf, in anderen Ländern sind sie sehr viel anerkannter. Viele Kritiker wissen nicht, dass Zeitarbeitsfirmen teilweise auch die Personalverantwortung für Firmen übernehmen und damit verantwortlich für die Personalauswahl sind. Hier liegen Chancen für Zeitarbeiterinnen für einen direkten Arbeitsvertrag. Zeitarbeitsfirmen sind z.B.:

- Adecco (www.adecco.de)
- Dis AG (www.dis-ag.de)
- Personal Total (www.personal-total.de)
- Manpower (www.manpower.de)

Wunder Punkt: Teilzeit

Die Vermittelbarkeit von Sekretärinnen und Office Managerinnen ist wirklich gut, aber leider gibt es einen Wermutstropfen: Es werden trotz gegenteiliger Auskünfte immer noch zu wenige Teilzeitstellen ausgeschrieben. Das ist nicht nur im Büro, sondern generell so. Je verantwortungsvoller die Position, desto weniger realistisch ist häufig ein Teilzeitjob – vor allem mit 25 oder weniger Stunden. Zum großen Teil sind es Vollzeitstellen, die ausgeschrieben sind. Wenn Sie sich auf eine verantwortungsvolle Stelle bewerben, müssen Sie sogar davon ausgehen, dass der Arbeitstag auch nach acht Stunden nicht immer beendet ist. Denn bei manchen Abendveranstaltungen erwartet der Chef, dass die Sekretärin ihn begleitet – noch mehr gilt das für die Sekretärin+, also die Assistentin. Steht eine Firmenpräsentation an, die von der Assistentin maßgeblich ausgearbeitet wird, sind ebenfalls Überstunden angesagt.

„Nach wie vor ist wenig Wandel bei der Personalpolitik der Unternehmen zu beobachten. Für Sekretärinnen gibt es weniger Teilzeitstellen als gesucht und somit eingeschränkte Möglichkeiten, die Familien zu integrieren. Von den Standards in Skandinavien oder auch Frankreich sind wir diesbezüglich leider noch entfernt", bedauert Arbeitsvermittlerin Sina Petry. Lesen Sie dazu bitte das letzte Kapitel über sinnvolle Bewerbungsstrategien.

Sekretärin+ = Assistent/in

Persönlichkeitstyp	Mischtypen, Schwerpunkt grün
Wiedereinstiegstyp	KF/KM, U
Ausbildung	kaufmännische Ausbildung, immer öfter Studium
Zentrale Kompetenzen	Fachkenntnisse, PC, Sprachen
Familienvereinbarkeit	*
Jobchancen	**
Verdienst	***

Der Übergang von der Sekretärin zur Assistentin ist fließend. Als Assistent der Geschäftsleitung oder des Vorstands sind auch viele Männer tätig. Hier gilt dies als Karriere relevante Position, die einen schnellen Aufstieg vorbereitet. Bei Frauen ist das, das muss man leider so sagen, eher selten gang und gäbe. Trotzdem gibt es Fälle, bei denen Frauen beispielsweise aus der Geschäftsführungsassistenz in die Geschäftsleitung berufen worden sind. Meist handelt es sich jedoch für Frauen um eine Tätigkeit, die nicht aufstiegsrelevant ist. Ungerecht, aber die berufliche Emanzipation, das wissen wir alle, steckt gerade im deutschsprachigen Raum manchmal noch sehr stark in den Kinderschuhen.

Wenn eine Sekretärin bei Projekten, Events und Präsentationen assistiert, wird sie als Assistentin eingestuft und damit auch besser bezahlt. Noch anspruchsvoller ist die Tätigkeit der Office Managerin, die sogar eigene Projekte verantwortet und Chancen auf einen späteren Managementposten hat. Die Office Managerin hat einen ähnlichen Aufgabenbereich wie die Chefsekretärin. Die Grenzen zwischen den Berufsfeldern Sekretärin/Assistentin/Office Managerin sind nicht geschützt und oft nicht klar definiert. Seien Sie also nicht irritiert, wenn Sie bei Stellenangeboten beide Bezeichnungen nebeneinander finden – also „Sekretärin/Assistentin" oder „Office Managerin/Sekretärin". Meist zeigen erst die Tätigkeitsbeschreibungen an, um was für eine Stelle es sich wirklich handelt.

Mit dem Einzug amerikanischer Unternehmen in Deutschland etablierte sich das Berufsprofil der Assistentin. Die Assistentin arbeitet eigenverantwortlicher als die Sekretärin, sie ist höher qualifiziert und auch entsprechend höher bezahlt. SAP/R3-Kenntnisse, Eventmanagement-Know-how und BWL werden vorausgesetzt. Wenn Sie früher eher als Sekretärin oder Bürokraft tätig waren, wird es sich auszahlen, wenn Sie sich weiterqualifizieren in Richtung Assistentin. Eine Vielzahl von Weiterbildungen bietet der Bundesverband Sekretariat und Büromanagement e.V. an, zum Beispiel die zurzeit gefragte Ausbildung zur Geprüften Managementassistentin. Interessant sind auch die Qualifizierungen der Verwaltungs- und Wirtschaftsakademie. Wenn Sie eine höher qualifizierte Stelle im Büro anstreben, können Sie sich auch über die Industrie- und Handelskammern (IHK) oder die Verwaltungs- und Wirtschaftsakademie (VWA) weiterbilden. Oder Sie absolvieren gleich ein Bachelorstudium, z. B. der Kommunikationswissenschaften oder der Betriebswirtschaft – warum nicht als Elternzeit begleitendes Fernstudium? Wenn Sie nach dem Studium noch ein Unternehmenspraktikum anschließen, erfüllen Sie alle Voraussetzungen, um sich als Assistentin zu bewerben.

Sehr gute Chancen auf eine Assistentinnenstelle hat außerdem eine Absolventin einer dualen Ausbildung wie Industriekauffrau, Außenhandelskauffrau oder Versicherungskauffrau, die anschließend in ihrer Branche Berufserfahrung gesammelt hat. Ihr entscheidender Vorteil ist ihr Branchen-Know-how.

Anforderungen an eine Assistent/in

Es ist ideal, wenn die Assistentin rote, grüne, blaue und gelbe Persönlichkeitsseiten mitbringt, wobei ein Schwerpunkt bei grün und blau liegen kann. Das Sekretärinnen Know-how wird vorausgesetzt.

Zusätzlich sind gefragt:

- sehr gute Organisationsfähigkeit,
- gutes Zeit- und Selbstmanagement,
- ausgeprägte Team- und Kommunikationsfähigkeit,
- Projektmanagement-Kenntnisse und Fähigkeit, sich gegenüber den Vertretern anderer Abteilungen durchzusetzen,
- betriebswirtschaftliche Kenntnisse,
- je nach Bereich auch Kenntnisse in Arbeits- und Personalrecht, Marketing- oder Vertriebs-Know-how,
- gute Allgemeinbildung,

- in internationalen Unternehmen sehr gute Englischkenntnisse (mindestens Level B2) und weitere Sprachkenntnisse sowie
- interkulturelle Kenntnisse,
- Branchenfachwissen,
- SAP/R3-Kenntnisse (je nach Arbeitsfeld unterschiedliche SAP-Module, z. B. SD/MM im Vertrieb),
- Managementtechniken,
- sehr gute MS-Office-Kenntnisse,
- zusätzlich gern Erfahrungen mit Datenbanken, HTML, der Betreuung von Content-Management-Systemen (Internet und Intranet).

Weiterbildungen zur geprüften Managementassistentin bieten der Bundesverband Sekretariat und Büromanagement und die Verwaltungs- und Wirtschaftsakademie an. Allerdings ist das Studium an der VWA immer berufsbegleitend. Eine akademische Qualifizierung erfolgt über ein Studium der Kommunikationswissenschaften oder der Betriebswirtschaften. Die Europäische Management Akademie bietet Weiterbildungen und Abschlüsse im Bereich Assistenz an.

Infos
- www.bsb-office.de
- www.vwa.de
- www.ils.de
- www.sgd.de
- www.europa-ma.de

Office Manager/in

Persönlichkeitstyp	Mischtypen, Schwerpunkt rot-grün
Wiedereinstiegstyp	KF/KM, U
Ausbildung	Studium oder Lehre
Zentrale Kompetenzen	PC-Kenntnisse, Sprachen, Durchsetzungsstärke, Organisationstalent
Familienvereinbarkeit	*
Jobchancen	***
Verdienst	***

Eine Office Managerin oder ein Office Manager (in diesem Bereich finden sich tatsächlich auch Männer!) hat mehr Entscheidungsbefugnis als eine Assistentin. Sie ist oft allein verantwortlich für ihren Aufgabenbereich und hat meistens Weisungsbefugnis, sie zeichnet selbst ab, hat eventuell Prokura und leitet selbstverantwortlich Projekte. Sie ist in der Konzeption und Kommunikation tätig. In manchen Unternehmen hält die Office Managerin alle Fäden zusammen. Sie trägt Managemententscheidungen mit und trägt Verantwortung für die Unternehmensstrategie.

Bei ihm/ihr sind gefragt:

- Führungswissen,
- Kommunikationsstärke,
- ausgezeichnetes Projektmanagement-Know-how,
- Konzeptionsstärke,
- Durchsetzungsstärke,
- perfekte Fremdsprachenkenntnisse,
- persönliche und soziale Kompetenz.

Eine Qualifizierung zur/m geprüften Office Manager/in bietet der Bundesverband Sekretariat und Büromanagement e.V. an. Über das ILS kann ein Fernkurs belegt werden.

Vertriebsassistent/in

Persönlichkeitstyp	Schwerpunkt rot-grün
Wiedereinstiegstyp	FPT, aber auch KF/KM, U, je nach Job
Ausbildung	kaufmännische Ausbildung oder Studium
Zentrale Kompetenzen	PC-Kenntnisse (SAP!), Sprachen (!), Durchsetzungsstärke, Organisationstalent
Familienvereinbarkeit	**
Jobchancen	***
Verdienst	***

Sie haben gern mit dem Thema Verkauf zu tun und lieben Kundenkontakt? Der Vertrieb ist ein recht offener Bereich, in dem Quereinsteiger gute Chancen haben. Auch Teilzeitjobs finden sich hier eher als etwa im Marketing. Vertriebsassistentinnen unterstützen die Vertriebs- bzw. Verkaufsleitung bei der Planung und Steuerung des gesamten Vertriebs bzw. Verkaufs. Es sind oft eher extrovertierte rote und/oder grüne Typen, die zusätzlich sprachbegabt sein müssen, denn die Tätigkeiten sind häufig international ausgelegt.

Sie arbeiten beispielsweise in Industrie und Handel, im Dienstleistungssektor oder bei Interessenvertretungen. Die Vertriebsassistentin sollte eine kaufmännische Ausbildung oder ein beliebiges Studium – gern BWL, aber auch andere Bereiche sind möglich – absolviert haben und über SAP/R3-Kenntnisse verfügen.

Ein Weg, um sich als Vertriebsassistentin fit zu machen, ist ein VWA-Studium als Marketing- und Vertriebs-Ökonomin (vier Semester). Da

alle VWA-Studiengänge berufsbegleitend konzipiert sind, können nur
Mütter in Elternzeit das Studium absolvieren, da sie über das Unternehmen versichert sind. Ansonsten bieten die örtlichen IHKs Lehrgänge in Vertriebsstrategien an.

Marketingassistent/in

Persönlichkeitstyp	Schwerpunkt grün-blau
Wiedereinstiegstyp	KF/KM
Ausbildung	eher Studium
Zentrale Kompetenzen	Fachkenntnisse, PC, Sprachen
Familienvereinbarkeit	*
Jobchancen	*
Verdienst	**

Nur noch sehr selten haben Marketingassistentinnen, vor allem in größeren Betrieben, kein Studium abgeschlossen. Der Bereich ist sehr beliebt bei grün-blauen Persönlichkeiten – und leider gerade im Moment auch überlaufen. Viele Bewerber mit sehr hoher Qualifikation buhlen um die Stellen. Ein Einstieg in Teilzeit ist relativ schwierig.
Ein(e) Marketingassistent/in kümmert sich um die Öffentlichkeitsarbeit und das Marketingkonzept des Unternehmens. Sie plant Produkt- und Unternehmenspräsentationen und führt sie auch durch. Außerdem bereitet sie Messen und Veranstaltungen vor und ist verantwortlich für Mailingaktionen und die Gestaltung von Werbung.
In Werbeagenturen gehört die Kundenberatung zum Tätigkeitsprofil. Hier haben häufig noch Absolventen einer kaufmännischen Ausbildung als Kauffrau für Marketingkommunikation oder im Vorgängerberuf Werbekaufmann/Werbekauffrau eine gute Chance. Fremdsprachen- und EDV-Kenntnisse sind unerlässlich. Als persönliche Eigenschaften

stehen Team-, Kommunikations- und Durchsetzungsfähigkeit sowie Kreativität im Vordergrund.

Weiterbildung: Sie können BWL mit Schwerpunkt Marketing studieren – oder Sie qualifizieren sich über die IHK zur Marketingassistentin mit Schwerpunkt Kommunikation. Auch die VWA bietet einen qualifizierenden Abschluss zur Marketing-Kommunikations-Ökonomin an. Mit einer anderen Ausbildung können Sie sich auch als Marketing-Kommunikationswirt für Tätigkeiten in der Marketingabteilung oder in einer Werbeagentur qualifizieren. Solche Weiterbildungen werden meist berufsbegleitend angeboten und bieten häufig auch die Möglichkeit, einen Bachelorabschluss aufzusetzen.

Weiterbildung

- HIB Academy
  (www.hib-academy.de/studium/marketingassistentin.htm)
- VWA (www.vwa-gruppe-bcw.de)
- vame-Akademie (www.vame.de)
- Hamburger Akademie für Marketing und Kommunikation
  (www.hamburger-akademie.de)
- Hanseatische Akademie Marketing und Management
  (www.hhamm.de)

PR-Assistent/in

Persönlichkeitstyp	Schwerpunkt grün-blau
Wiedereinstiegstyp	KF/KM
Ausbildung	eher Studium
Zentrale Kompetenzen	Fachkenntnisse, PC, Sprachen
Familienvereinbarkeit	*
Jobchancen	*
Verdienst	*

Der Unternehmensbereich Öffentlichkeitsarbeit oder auch PR für Public Relations ist besonders beliebt bei Menschen, die gern schreiben und kommunizieren. Hier beantworten Mitarbeiter Anfragen von Journalisten, texten für Pressemitteilungen sowie Kunden- und Mitarbeitermagazine und veranstalten Events. PR-Stellen gibt es auch in Agenturen. Dort steigen neue Mitarbeiter meist über ein 12- bis 24-monatiges Traineeprogramm ein.

In Unternehmen gibt es neben der Assistenz den besser qualifizierten und in der Regel erfahrenen PR-Referenten. Der Bereich ist allerdings sehr überlaufen, was dazu führt, dass teilweise sehr niedrige Gehälter gezahlt werden – vor allem bei wenig Berufserfahrung. Etwas anders sieht es aus, wenn Sie eine gestandene Persönlichkeit sind, vielleicht früher im Journalismus gearbeitet haben oder auf anderem Weg praktische Erfahrung gewonnen haben. Fehlt der theoretische Überbau, sind Weiterbildungen sehr hilfreich. Im Agenturbereich ist etwa die Qualifikation als PR-Berater der Deutschen Gesellschaft für Public Relations sehr gefragt. Sinnvoll sind Spezialisierungen mit entsprechenden Weiterbildungen, etwa im Bereich der Finanzkommunikation.

Infos

- Deutsche Public Relations Gesellschaft (www.dprg.de)
- Freie Journalistenschule (www.freie-journalistenschule.de)
- Deutsche Presseakademie (www.depak.de)
- PR Plus (www.prplus.de)

Personalassistent/in

Persönlichkeitstyp	Schwerpunkt blau-grün
Wiedereinstiegstyp	FPT, aber auch KF/KM, je nach Job
Ausbildung	eher Studium, manchmal kaufmännische Ausbildung mit Zusatzqualifikation Personalkaufmann
Zentrale Kompetenzen	Fachkenntnisse, PC, Sprachen
Familienvereinbarkeit	**
Jobchancen	**
Verdienst	**

Der Personalbereich bietet für jeden etwas. Grüne Typen mögen meist den Bereich der Personalentwicklung sehr gern, wo es darum geht, Mitarbeiter persönlich und fachlich weiterzubringen, beispielsweise mit Coaching, Training und Weiterbildung. Diese Stellen sind aber rar. Zudem gibt es eine eigene Personalentwicklung nur in größeren Firmen. In kleineren macht die Personalabteilung alles von der Gehaltsabrechnung bis zur Weiterbildung.

Im Bereich Recruiting geht es etwa um die Einstellung von neuen Mitarbeitern und natürlich um die Auswahl mit Bewerbungsverfahren und Vorstellungsgesprächen. In der Gehaltsabrechnung stehen ganz praktische Dinge oben an, nämlich dafür zu sorgen, dass Mitarbeiter ihr Geld bekommen. Solche Aufgaben passen auch gut für gelbe Persönlichkeitstypen.

Um als Assistent/in im Personalwesen tätig zu sein, werden in der Regel eine kaufmännische Ausbildung, ein Studium und eine abgeschlossene Weiterbildung im Bereich Personalwesen gefordert. In einem kleinen Betrieb sind Assistentinnen sehr vielseitig tätig. Im Personalwesen erstellen sie Arbeitsverträge und geben Auskunft bei steuerrelevanten Angelegenheiten, bearbeiten Urlaubsanträge und Krankmeldungen.

In größeren Unternehmen sind Sie eher für spezielle Bereiche zuständig. Punkten können Sie gerade hier mit guten Kenntnissen des SAP/HR-Moduls (HCM). Zur Weiterbildung geeignet ist die IHK-zertifizierte Ausbildung zur(m) Personalkauffrau/-mann oder eine Personalmanagement-Schulung an der IHK. Die AKAD, die SGD, die Hochschule Pforzheim, die Fachhochschule Bielefeld etc. bieten auch Studiengänge zu Personalmanagement an. Infos unter www.studieren.de

Weiterbildung

- Industrie Logistik Service ILS (www.ils-personal.de)
- SGD (www.sgd.de)
- Deutsche Gesellschaft für Personalführung (www.dgfp.de)
- Örtliche IHKs
- Forum Management (www.forum-management.de): Weiterbildung zum Personalreferenten

Personaldisponent/in

Persönlichkeitstyp	Schwerpunkt rot-gelb
Wiedereinstiegstyp	FPT, aber auch KF/KM
Ausbildung	kaufmännische Ausbildung mit Zusatzqualifikation Personaldisponent
Zentrale Kompetenzen	Fachkenntnisse, PC, Sprachen
Familienvereinbarkeit	*
Jobchancen	***
Verdienst	**

Der Personaldisponent ist ein junger Beruf, der vor allem in Zeitarbeitsfirmen zum Einsatz kommt, aber auch bei Unternehmen mit einem hohen Anteil an gewerblichen Personal wie der Hamburger

Hafen. Während sich der klassische Personalmanager nur um die Belange seines eigenen Unternehmens kümmert, hat ein Personaldisponent mit verschiedenen Unternehmen und Branchen zu tun, in die er die Mitarbeiter vermittelt. Er hat mit Leiharbeitern aus unterschiedlichsten Berufen zu tun, vom ungelernten Helfer bis zum IT-Experten, vom Bäcker bis zur Sekretärin. Der Personaldisponent sollte betriebswirtschaftliches Know-how mitbringen und als persönliche Skills Kommunikationsstärke, Verhandlungsgeschick und Durchsetzungsvermögen. Die IHK-zertifizierte Ausbildung zum Personaldienstleistungskaufmann ist noch ganz jung, es gibt sie erst seit Mitte 2008, aber mit guten Perspektiven. Weiterbildung wie oben!

Gehalt bei den Bürojobs

Das Gehalt im Büro kann nach Art der Tätigkeit und nach Region stark variieren. Die bestbezahlten Kräfte leben in München, Frankfurt und Düsseldorf. Laut Tarifsammlung des Bayerischen Staatsministeriums für Arbeit liegt das Monatsgehalt einer Sekretärin bei circa 2.351 Euro bis 2.520 Euro im Monat. Die Schwankungsbreite ist jedoch enorm und hängt auch sehr stark vom regionalen Angebot ab. So kann es in Berlin sein, dass eine Sekretärin mit weit weniger als 2.000 Euro vorlieb nimmt, wohingegen sie in Stuttgart das Doppelte bekommt. Die Firmengröße und auch die Branche spielen zusätzlich hinein. Und natürlich die Verantwortung: Eine Chefsekretärin oder ein Assistent bzw. eine Assistentin verdient schon mal 40.000 bis 60.000 Euro pro Jahr. Im Vertrieb und Marketing kommen Sie auf 28.000 bis 35.000 Euro. Die Unternehmenskommunikation/PR zahlt oft schlechter, weil es in diesem Bereich besonders viele Bewerber gibt. So können PR-Assistentinnen zwischen 22.000 und 40.000 Euro per anno verdienen. PR-Referenten liegen dagegen bei 35.000 bis 70.000 Euro – abhängig wiederum von Region, Qualifikation, Erfahrung, Größe des Unternehmens. Es ist somit sehr schwierig, ein Gehalt zu bestimmen. Ziehen Sie immer mehrere Quellen heran oder lassen Sie sich von einer regional erfahrenen Karriereberatung bei der Gehaltsbestimmung helfen. Personaldisponenten können teilweise sehr viel Geld verdienen und schon einmal die 50.000 Euro Jahresgehaltsgrenze überschreiten.

Jobs für Zahlenkünstler

Bei Ihnen dominiert die Persönlichkeitsfarbe gelb? Wenn Sie ein Händchen für Zahlen haben und gern akkurat und systematisch arbeiten, dann können Sie in der Buchhaltung oder im Bereich Finanzen Ihren Traumjob finden!

Der Vorteil bei diesen Berufen liegt gerade für Wiedereinsteiger mit Kind auf der Hand:

1. Wer beruflich mit Geld zu tun hat, verdient meistens besser als in vielen anderen Bereichen.
2. Buchhalter & Co. werden immer gesucht, auch in Krisenzeiten.
3. Es gibt hier vergleichsweise viele Teilzeitstellen.

Kleinere Steuerbüros bieten recht oft flexible Arbeitszeiten und Teilzeitjobs. Auch Telearbeit wird im Buchhaltungsbereich häufig praktiziert. Ein Seiteneinstieg ist gut möglich für Frauen, die früher im Bereich Büro/Sekretariat tätig waren und praktische Grundkenntnisse in der Buchhaltung besitzen.

Industriekauffrau Sabine suchte den Neueinstieg, allerdings nicht ins Sekretariat, in dem sie früher tätig war. Sie fühlte sich im chaotischen Büro mit direkten Kunden- und Mitarbeiterkontakten sowie Dauertelefonservice zunehmend gestresst. Sie wünschte sich für den Wiedereinstieg einen ruhigen Job – gern in der Buchhaltung. Die Lohnbuchhaltung gehörte bereits im alten Job zu ihren Aufgaben. Sabine absolvierte Kurse in Rechnungswesen und Buchhaltung und fand schnell einen neuen Job. 20 Wochenstunden als Debitorenbuchhalterin bei einer mittelständischen Firma. Sie arbeitet zusammen mit einer netten Kollegin und kann sich in Ruhe Listen und Zahlen widmen.

Buchhalter/in

Persönlichkeitstyp	gelb
Wiedereinstiegstyp	FPT, U, DV
Ausbildung	Ausbildung oder Studium
Zentrale Kompetenzen	Fachkenntnisse, PC, IFRS, HGB
Familienvereinbarkeit	***
Jobchancen	***
Verdienst	***

„Sie sollten schon eine Vorliebe für exaktes Arbeiten und Genauigkeit an den Tag legen, das ist nicht nur ein Klischee", sagt Bernhard Ramann, Geschäftsführer des Bundesverbands selbstständiger Buchhalter und Bilanzbuchhalter (bbh). Die meisten haben eine kaufmännische Ausbildung oder Steuerfachgehilfenlehre absolviert, bei der sie sich theoretische Buchhaltungskenntnisse angeeignet haben. Mittlere Betriebe stellen gern Steuerfachgehilfen und Kaufleute mit Berufserfahrung ein.

Persönliche Fähigkeiten der Zahlenkünstler:

- Genauigkeit,
- Sorgfalt,
- analytische Fähigkeiten,
- Affinität zu Zahlen.

Andere sind den akademischen Weg gegangen und haben ein BWL-Studium abgeschlossen, vielleicht mit dem Schwerpunkt Steuerwesen, Controlling oder Wirtschaftsprüfung. Große Unternehmen bevorzugen studierte BWLer im Finanzwesen und Controlling. Sie sollten möglichst Praktikumserfahrung mitbringen, also schon ins Berufsleben hineingeschnuppert haben.

Ganz ohne Berufserfahrung ist es nicht so leicht, im Buchhaltungs-
wesen Fuß zu fassen. Wenn Sie aus dem Sekretariat kommen oder aus
anderen Büroberufen ist es von Vorteil, wenn Sie praktische Kenntnisse in der Finanzabwicklung vorweisen können. Diese sollten Sie
unbedingt im Lebenslauf dokumentieren. Wenn Sie beispielsweise
schon mit der vorbereitenden Buchhaltung betraut waren, kann dies
der Türöffner für einen Job im Buchhaltungsbereich sein. Denn damit
haben Sie schon Praxiserfahrung gesammelt. Falls Sie nur theoretische
Kenntnisse besitzen, bemühen Sie sich zunächst um ein Praktikum!
Neben fundiertem Fachwissen im Rechnungswesen brauchen Sie in
der Buchhaltung detaillierte und aktuelle Kenntnisse in Steuerrecht,
Finanzwesen und Kostenrechnung sowie umfangreiche Erfahrungen mit der gängigen Software. „Darüber hinaus sollten Buchhalter über ein hohes Maß an sozialem Gespür verfügen, um mit Vorgesetzten, Kollegen und Geschäftspartnern zu kommunizieren", sagt
Heike Kreten-Lenz, Bundesgeschäftsführerin des Bundesverbandes der
Bilanzbuchhalter und Controller e.V. (BVBC).

Weiterbildungen

Buchhaltungskenntnisse sind sehr gefragt, ob Sie sich diese als Zusatzqualifikation für einen Job im Sekretariat aneignen oder ob Sie einen
Vollzeitjob in der Buchhaltung anstreben. Ein Seiteneinstieg ins Rechnungswesen und in die Buchhaltung ist gut zu realisieren. Die Bundesagentur für Arbeit oder die ARGE bieten Kurse im Bereich Rechnungswesen und Buchhaltung an, die zum Beispiel in Hamburg
Vollzeit etwa vier Wochen dauern.
Auch bei der IHK können Sie sich in der Buchhaltung qualifizieren.
Voraussetzung sind drei Jahre Berufserfahrung und wenigstens einein-
halb Jahre Berufspraxis in der Buchhaltung. Alternativ gibt es die Möglichkeit, an einer Weiterbildung zur Finanzbuchhalterin teilzunehmen,
die in Teilzeit, seltener als Vollzeitkurs angeboten wird. Finanzbuchhalter sind in der Kreditoren- und Debitorenbuchhaltung tätig oder

übernehmen vorbereitende Abschlussarbeiten im Bereich strategischer Finanzmanagementfragen in der Anlagen- oder Lohnbuchhaltung. Die Kurse dauern von wenigen Monaten bis hin zu einem guten Jahr und werden beispielsweise von der Deutsche Angestellten Akademie (www.daa-bw.de) und vielen weiteren Instituten angeboten – auch als Fernkurs, z. B. über das ILS.

Bilanzbuchhalter/in

Persönlichkeitstyp	gelb
Wiedereinstiegstyp	FPT, U, KF/KM
Ausbildung	Ausbildung oder Studium, Zusatzausbildung
Zentrale Kompetenzen	Fachkenntnisse, PC, IFRS, HGB
Familienvereinbarkeit	**
Jobchancen	***
Verdienst	***

„Für Bilanzbuchhalter gibt es vielfältige Entwicklungsperspektiven wie in kaum einem anderen Beruf", weiß Heike Kreten-Lenz. Wer sein Wissen regelmäßig auf den neuesten Stand bringe, habe beste Chancen auf einen interessanten und gut bezahlten Job. Die Einsatzbereiche sind vielfältig. Sie können zum Beispiel in Steuerberatungskanzleien, in der Sozialwirtschaft oder Industrie arbeiten. Außerdem bieten Zukunftsthemen wie Internationale Rechnungslegung nach den International Financial Reporting Standards IFRS oder US-GAAP gute Perspektiven. In Konzernen und bei leitenden Stellen werden oft gute Fremdsprachenkenntnisse und ausgeprägte soziale Kompetenz sowie Durchsetzungskraft vorausgesetzt. In einer Leitungsfunktion sind Überstunden an der Tagesordnung, Teilzeittätigkeit oder Telearbeit ist kaum möglich.

Vorbereitungslehrgänge zum Bilanzbuchhalter/in (BBiG) werden meist in Teilzeit durchgeführt und dauern anderthalb bis drei Jahre, bei Vollzeitlehrgängen zehn Wochen bis zwölf Monate, bei E-Learning-Kursen sechs Monate bis zwei Jahre und bei Fernunterricht etwa ein bis zwei Jahre. Für die Zulassung zur Prüfung ist die Teilnahme an einem Lehrgang nicht verpflichtend.

Selbstständige/r Buchhalter/in

Persönlichkeitstyp	gelb-grün
Wiedereinstiegstyp	FPT, U, DZ
Ausbildung	Ausbildung oder Studium, Zusatzausbildung
Zentrale Kompetenzen	Fachkenntnisse, PC, IFRS, HGB
Familienvereinbarkeit	***
Jobchancen	***
Verdienst	***

Seit einigen Jahren gibt es den Trend, dass sich Buchhalter vermehrt selbstständig machen. Mittlerweile ist jeder vierte Bilanzbuchhalter als Selbstständiger tätig und betreut mehrere Unternehmen gleichzeitig. Für Berufsrückkehrerinnen kann der Einstieg als selbstständige Buchhalterin eine gute Möglichkeit sein, selbstbestimmt zu arbeiten und die Zeit frei einzuteilen.

Die Kunden sind zumeist Mittel- und Kleinbetriebe, die aus zeitlichen und finanziellen Gründen ihre Buchhaltung auslagern. Der Tätigkeitsbereich von selbstständigen Buchhaltern ist allerdings eingeschränkt: Sie dürfen bilanzieren, aber keine Steuertipps geben oder die Buchführung eines Unternehmens einrichten. Das ist den Steuerberatern vorbehalten. Zunehmend schließen sich selbstständige Buchhalter und Steuerberater zusammen, denn bei dieser Kooperation bieten Steuerberater und Buchhalter bzw. Bilanzbuchhalter ihren Kunden eine Paketlösung, die über klassische Buchhaltungsaufgaben und Steuerberatung hinausgeht.

Die Buchhaltungsbranche ermöglicht Wiedereinsteigerinnen oft eine sanfte Rückkehr in den Berufsalltag. Wenn sie für den alten Arbeitgeber tätig bleiben, können sie teilweise ihre Unterlagen im Home Office bearbeiten und müssen vielleicht nur einen oder zwei Tage pro Woche ins Firmenbüro. Rückkehrerinnen können oft zeitlich flexibel wieder einsteigen und die Stundenzahl über die Jahre angeglichen an die Entwicklung des Kindes sukzessive aufstocken. Insbesondere in Steuerbüros gibt es die Möglichkeit zur Teilzeittätigkeit und auch zur Telearbeit.

Controller/in

Persönlichkeitstyp	blau-grün
Wiedereinstiegstyp	KF/KM
Ausbildung	meist Studium
Zentrale Kompetenzen	Fachkenntnisse, PC, IFRS, HGB
Familienvereinbarkeit	*
Jobchancen	***
Verdienst	***

Controller sind meist blau-grüne Persönlichkeiten mit gutem Zahlenverständnis, die einen guten Schuss Rot und Grün benötigen, da in höheren Positionen Kommunikation das A und O ist.

Während sich Buchhalter mit der Istsituation auseinandersetzen, sind Controller für die Planung zuständig. Dabei fungieren sie wie eine Art hausinterner Unternehmensberater. Was muss man tun, um …?, ist ihre zentrale Frage. Sie definieren Ziele und tragen Sorge, dass diese auch erreicht werden. Dabei kreisen ihre Aufgaben vor allem um die Rentabilität und Liquidität des Unternehmens.

Ist die Buchhaltung eher mit der Abbildung von vergangenen Entwicklungen beschäftigt, so arbeitet der/die Controller/in zukunftsorientiert. Nicht Verwaltung, sondern Gestaltung steht im Fokus des Interesses. Die guten Kenntnisse der betrieblichen Abläufe, die enge Zusammenarbeit mit der Geschäftsführung – Controlling ist das ideale Sprungbrett für einen Aufstieg im Unternehmen. Controllern hängt noch immer das Image des Sparens und Sanierens an. Dabei wirken sie auch an Wachstumsstrategien mit und sorgen für die erforderliche Transparenz im Unternehmen, damit sich Entscheidungen aufgrund von Fakten fällen lassen.

Wenn der Familienvater Volker Christ ein anschauliches Bild seines Jobs zeichnen soll, dann bemüht er den Vergleich mit einer Rallye: „So wie der Beifahrer anhand der Streckeninformationen den Fahrer leitet, kommt Controllern eine Lotsenfunktion im Unternehmen zu." Christ ist ein solcher Lotse, und zwar für den Unternehmensbereich Haushaltsprodukte des Weinheimer Mischkonzerns Freudenberg. Freudenberg Haushaltsprodukte erwirtschaftet einen Umsatz von rund 600 Millionen Euro und beschäftigt mehr als 2 000 Mitarbeiter weltweit. Bei Freudenberg besteht die Aufgabe des 42-jährigen Diplom-Kaufmanns darin, ein Controlling für den Unternehmensbereich Haushaltsprodukte aufzubauen. Dafür muss er mit seinen elf Mitarbeitern sämtliche wichtige Kennzahlen zusammentragen – aus dem Berichtswesen, der Forschung und Entwicklung, der Produktion, dem Vertrieb und dem Marketing. „Diese Kennzahlen müssen wir regelmäßig kontrollieren und für die Geschäftsleitung aufbereiten sowie interpretieren", sagt Christ, der direkt an den Finanzchef berichtet. „Die Aufgabe meines Teams ist es, der Bereichsleitung Entscheidungshilfen an die Hand zu geben, damit diese Unternehmensziele und -strategien ausarbeiten und deren Erfolg überprüfen kann."

Es gehe also nicht einfach darum, Kosten zu sparen, sondern um die richtige Balance zwischen Wachstum, Gewinn sowie effektivem Kapital- und Ressourceneinsatz.

Normalerweise führt ein Studium der Betriebswirtschaft mit entsprechendem Schwerpunkt ins Controlling. Aber auch mit einem Ausbildungsberuf haben Sie Chancen, vor allem wenn Sie entsprechende Kurse, etwa bei der Controller Akademie (www.controller-akademie.de) absolviert haben.

Assistentinnen für Controlling sind Fachkräfte im Bereich des Finanz- und Rechnungswesens. In diesen Aufgabenbereich fällt die Analyse der Monats- und Jahresergebnisse oder die Kostenplanung. Die Ausbildung erfolgt über die Industrie- und Handelskammer. Qualifizierung: Vorbereitungslehrgänge auf die Weiterbildungsprüfung werden meist in Teilzeit durchgeführt und dauern sechs bis 12 Monate. Für die Zulassung zur Prüfung ist die Teilnahme an einem Lehrgang nicht verpflichtend. In diesem Bereich sind auch zunehmend Absolventinnen eines BWL-Studiums tätig.

Das durchschnittliche Gehalt der Assistenten bzw. Assistentinnen für Controlling liegt bei einem Einkommen von etwa 30.000 Euro im Jahr, bei einer wöchentlichen Arbeitszeit von etwa 40 Stunden. Wenn Sie in diesen Bereich einsteigen möchten, bietet sich der sechs-semestrige Wirtschafts-Diplomstudiengang Betriebswirtschaft der VWA oder ein Studium der Betriebswirtschaftslehre mit mindestens Bachelorabschluss an.

Der klassische Hintergrund eines Controllers ist ein wirtschaftswissenschaftliches Studium. Viele Hochschulen, Fachhochschulen und Berufsakademien bieten Controlling dabei als Vertiefungsrichtung an. Wer sich fürs Controlling interessiert, sollte dabei auch die notwendigen Programme kennenlernen – zuvorderst die Tabellenkalkulation mit Excel, aber zunehmend auch sogenannte Business-Intelligence-Software. An verschiedenen Hochschulen können Berufstätige auch einen Master-Studiengang „Controlling" draufsatteln. Daneben gibt es eine große Zahl von Weiterbildungsanbietern, bei denen die einschlägigen Schulungen von kurzen bis mehrmonatigen Seminaren reichen.

Die Berufsaussichten für Controller bewerten die Experten unisono als gut, da Unternehmen in wirtschaftlich schwierigen Zeiten die Notwendigkeit des Controllings als besonders hoch einschätzen und neue internationale Bilanzierungsrichtlinien sowie Anforderungen an die Berichterstattung börsennotierter Unternehmen die Firmen zu mehr Transparenz zwingen.

Die Einstiegsgehälter für Junior-Controller sind laut einer ICV-Umfrage in den vergangenen drei Jahren allerdings eher gesunken. Einsteiger verdienen im Angestelltenverhältnis mehrheitlich unter 40.000 Euro pro Jahr.

Infos

- Internationaler Controller Verein (www.controllerverein.de)
- Bundesverband der Bilanzbuchhalter und Controller (www.bvbc.de)
- Controller Akademie (www.controllerakademie.de)
- Controlling-Portal.de (www.controllingportal.de)
- ControllerWissen (www.controllingwissen.de)

Steuerberater/in

Persönlichkeitstyp	gelb-grün
Wiedereinstiegstyp	FPT, KF/KM
Ausbildung	Ausbildung oder Studium
Zentrale Kompetenzen	Fachkenntnisse, Prüfung zum Steuerberater
Familienvereinbarkeit	*** (bei Selbstständigkeit!)
Jobchancen	***
Verdienst	***

Steuerberater können freiberuflich arbeiten und sich ihre Zeit frei einteilen. Darum ist der Beruf gerade auch für Wiedereinsteiger mit einem entsprechenden beruflichen Hintergrund interessant. Das (Fach-)Hochschulstudium bildet den akademischen Weg und setzt den erfolgreichen Abschluss eines wirtschaftswissenschaftlichen oder rechtswissenschaftlichen Hochschulstudiums voraus. Im Anschluss daran müssen Sie eine praktische Tätigkeit auf dem Gebiet des Steuerrechts absolvieren (zwei bis drei Jahre).

Der andere Weg, um Steuerberater zu werden, führt über eine kaufmännische Berufsausbildung und zehn Jahre praktischer Tätigkeit auf dem Steuerrechtsgebiet. In beiden Fällen ist die Zulassung zur Steuerrechtsprüfung, die eine intensive Vorbereitungszeit von rund einem Jahr fordert, möglich. Übrigens muss es sich nicht um eine Ausbildung zum Steuerfachangestellten handeln, auch andere kaufmännische Abschlüsse sind möglich.

In den meisten Fällen bildet die Grundlage allerdings die Ausbildung zum Steuerfachangestellten. Darüber hinaus können Beamte des gehobenen Dienstes der Finanzverwaltung zur Steuerberaterprüfung zugelassen und so Steuerberater werden, wenn sie mindestens sieben Jahre praktische Tätigkeit nach bestandener Laufbahnprüfung nachweisen können.

Infos

- Fachinstitut für Steuerrecht (www.fis-hamburg.de)
- Fernakademie Klett (www.fernakademie-klett.de/steuer)
- Gehälter (Jahreseinkommen in Euro):
  Debitoren-/Kreditorenbuchhalter: 30.000 – 39.000
  Finanzbuchhalter: 30.000 – 42.000
  Bilanzbuchhalter: 40.000 – 55.000
  Controller: 38.000 – 60.000

Schöne Aussichten in Gesundheitsberufen

Das Gesundheitswesen ist eine boomende Branche. Neue Berufsbilder entwickeln sich und Physiotherapeuten oder Ergotherapeuten haben gut zu tun. Diese Heil- und Pflegeberufe sind gerade für Späteinsteiger interessant. Hier können Sie auch jenseits der 40 den Neueinstieg ins Berufsleben schaffen.

Wenn Sie gerne mit Menschen arbeiten und sich ihnen zuwenden mögen, wenn Ihre Kinder gut untergebracht sind und Sie sich fit fühlen für eine Vollzeitausbildung, dann könnten Sie in der Gesundheitsbranche Ihren Traumjob finden.

Zweijährige Ausbildungen etwa zur Podologin oder Ernährungsberaterin werden teilweise über einen Bildungsgutschein der Bundesagentur finanziell gefördert. Die finanziellen Anreize sind für Angestellte in den Gesundheitsberufen allerdings alles andere als umwerfend. Besser sieht es meist beim Schritt in die Selbstständigkeit aus.

Der Vorteil bei den Gesundheitsberufen: Es gibt viele Teilzeitstellen und variable Arbeitszeiten. Allerdings müssen Sie erst durch die Mühlen einer anstrengenden Vollzeitausbildung – die bei einer dreijährigen Ausbildung nur teilweise über die Bundesagentur gefördert wird.

Physiotherapeut/in

Persönlichkeitstyp	gelb-grün
Wiedereinstiegstyp	FPT, DZ, U
Ausbildung	Ausbildung oder Studium
Zentrale Kompetenzen	Fachkenntnisse, Prüfung
Familienvereinbarkeit	***
Jobchancen	***
Verdienst	*

Karla arbeitet 20 Wochenstunden als angestellte Physiotherapeutin in einer Praxis. Zu ihren Patienten zählen Menschen mittleren Alters mit Rückenproblemen oder Verspannungen und ältere Leute mit Gelenkbe-schwerden. Zugenommen hat die Zahl der Patienten mit Sportverletzungen. Ihre Patienten leitet sie zu gymnastischen Übungen an und zeigt ihnen, wie sie sich rückenschonend oder gelenkschonend bewegen und ihre Muskeln stabilisieren können. Wenn der Patient sehr verspannt ist oder sonst bewegungsunfähig, gibt sie eine unterstützende Massage und wendet weitere therapeutische Maßnahmen an.

Nach der Wende verschmolz nach DDR-Vorbild der Beruf des Krankengymnasten mit dem Beruf des Masseurs zum Physiotherapeuten, der beides beherrscht – Krankengymnastik und Massage. Karla hat in der Praxis für einen Patienten 20 Minuten Zeit, somit gehört der Blick auf die Uhr zum Job. Ihre Arbeitsmaterialien sind ein Pezziball, dicke Bodenmatten und verschieden lange Holzstangen für Rückenübungen. Am Anfang einer Behandlung versucht Karla in einem Gespräch, die individuellen Wünsche des Patienten zu erfahren, um darauf mit ihrer Behandlung eingehen zu können. Welche Schmerzen behindern die Person besonders, was möchte sie trainieren? „Wenn ich meine Patienten animieren kann, zu Hause zu üben, freue ich mich, weil so die Heilungschancen steigen."

Neben ihrer Angestelltentätigkeit arbeitet Karla zehn Stunden als Freiberuflerin in einem Kindergarten mit angeschlossenem Hort. Dort betreut sie Kinder mit Bewegungsauffälligkeiten. Viele ihrer Betreuungskinder sind eingeschränkt in ihrer Motorik, haben zum Beispiel einen schlaffen Muskeltonus – heutzutage ein häufiges Krankheitsbild. Mit den Kids trainiert sie in angeleiteten Spielen die Beweglichkeit. Im Sommer geht sie gern mit ihnen auf den Spielplatz. Ganz wichtig ist der Beziehungsfaktor: „Ich baue eine Beziehung zu den Kindern auf und schenke ihnen Aufmerksamkeit. Gerade Kinder reagieren sehr positiv auf die Physiotherapie. Sie können oft schnell Bewegungsdefizite abbauen und werden seelisch ausgeglichener", sagt Karla.

Viele Physiotherapeutinnen arbeiten wie Karla für zwei oder mehr Arbeitgeber – teils angestellt, teils selbstständig. Physiotherapeuten sind meist weiblich und arbeiten in Krankenhäusern, physiotherapeutischen Praxen, Altenheimen und Kindergärten. Karla ist zurzeit 25 Stunden die Woche tätig, möchte aber in nächster Zeit die Stunden aufstocken. Die Arbeitsmöglichkeiten für Physiotherapeuten sind gut, es gibt viele Teilzeitstellen.

Ausbildung

Welche Fähigkeiten braucht eine Physiotherapeutin? Auf jeden Fall braucht sie grüne Persönlichkeitsanteile, denn Kommunikation spielt eine zentrale Rolle.

Sie sollte darüber hinaus körperlich und psychisch belastbar und manuell geschickt sein, sehr gut beobachten und sich Menschen zuwenden können, heißt es beim Deutschen Verband für Physiotherapie. Die Ausbildungsvoraussetzungen sind auf den ersten Blick nicht hoch. Die Anwärter müssen einen Realschulabschluss oder Hauptschulabschluss mit abgeschlossener zweijähriger Berufsausbildung nachweisen und einen Eingangstest bestehen. Es bewerben sich aber auch viele Abiturienten.

Überall in Deutschland gibt es Ausbildungsinstitute für Physiotherapeuten – privat und staatlich. An den kostenfreien staatlichen Schulen ist der Andrang groß, hier bewerben sich manchmal 800 Personen auf 20 Plätze. Günstiger ist das Verhältnis an den privaten Schulen, allerdings fallen hier Schulgebühren zwischen 280 und 500 Euro pro Monat an. Eine Förderung über einen Bildungsgutschein der Bundesagentur für Arbeit ist nur teilweise möglich. Das dritte Ausbildungsjahr muss oft von den Umschülern selbst gezahlt werden. Der Bedarf nach neuen Physiotherapeuten wird durch jeweils 8000 Absolventen pro Jahr im Großen und Ganzen gedeckt.

Der Beruf des Physiotherapeuten ist verantwortungsvoll, und dementsprechend hoch sind die Anforderungen. „In der Ausbildung haben wir gelernt wie für ein halbes Medizinstudium", sagt Karla. „Anatomie, Physiologie, Chirurgie, Innere Medizin, Psychiatrie, Psychologie, Trainingslehre, Massagetherapie und Gynäkologie."

Info

■ Schulen für Physiotherapie
  (www.physiotherapeuten.de/bildung/index.html)
■ Zentralverband der Physiotherapeuten (www.zvk.org)

Gehalt

Das Einkommen variiert von Bundesland zu Bundesland und beträgt im Jahr zwischen 16.000 bis 24.000 Euro. Mehr verdienen können Physiotherapeuten erst, wenn sie sich selbstständig machen. Doch auch dann sind die Einkommen begrenzt. Je mehr Privatpatienten gewonnen werden können, desto besser sieht der Verdienst normalerweise aus.

Ergotherapeut/in

Persönlichkeitstyp	grün
Wiedereinstiegstyp	FPT, DZ, U
Ausbildung	Ausbildung oder Studium
Zentrale Kompetenzen	Fachkenntnisse, Prüfung
Familienvereinbarkeit	***
Jobchancen	***
Verdienst	*

Judith arbeitet als Ergotherapeutin in einer Klinik mit psychisch Kranken. Die gelernte Tischlerin fand nach der Ausbildung keinen Job. Da sie handwerklich geschickt ist und gern mit Menschen umgeht,

ergriff sie die Chance, den Beruf der Ergotherapeutin über eine Förderung der Bundesagentur zu erlernen.

In einem großen hellen Raum, der aussieht wie ein Kunstraum in der
Schule, kommt die Therapiegruppe von etwa acht Personen zweimal
die Woche zusammen. Während der Therapiestunden gestalten die
Patienten Schälchen und Figuren aus oder malen mit bunten Ölfarben.
Eine ältere Frau möchte gern Makramee knoten, und eine andere Patientin ist dabei, einen Korb zu flechten. Während sie mit ihren Händen arbeiten, trainieren die Patienten ihre Feinmotorik und schärfen
gleichzeitig ihre Sinneswahrnehmung. „Sie kommen in Kontakt mit
ihrem Körper und schaffen etwas – ein Erfolgserlebnis", sagt Judith.

In der Klinik betreut sie außerdem eine Gruppe von Suchtpatienten –
allesamt schwer drogenabhängige Männer im Entzug. Die meist noch
jungen Männer werkeln mit Holz. Sie sägen und hobeln und einige
zimmern sich unter Judiths Anleitung ein Regal.

Bei ihrem früheren Arbeitgeber, einer neurologischen Klinik, betreute
Judith Schlaganfallpatienten. Mit gezielten Übungen hat sie die Mobilität der Arme und Hände trainiert und Alltagstätigkeiten wie das
Schreiben, Kochen und die Körperpflege neu eingeübt. Erklärtes Ziel
der Ergotherapie ist, den Patienten so viel Selbstständigkeit wie möglich zurückzugeben.

INFO:

Ergotherapeuten brauchen eine gute mentale und körperliche Konstitution und die Fähigkeit zum Einfühlungsvermögen. Die schulischen Voraussetzungen gleichen denen der Physiotherapeuten. Die dreijährige
anspruchsvolle und lernintensive Ausbildung erfolgt zu 90 Prozent an
privaten kostenpflichtigen Schulen. Neben staatlichen Schulen gibt es
auch die Möglichkeit zu einem Studium an der Fachhochschule. Die
Zukunftsaussichten für Ergotherapeuten sind immer noch gut, wenn
sie mobil und flexibel sind. Neue Arbeitsfelder wie Kletter- oder Gar-
tentherapie entwickeln sich. Ergotherapie-Praxen sind der wichtigste

Arbeitgeber, in Kliniken wurden aufgrund der Gesundheitsreform Stellen eingespart. Wichtig ist wie bei den Physiotherapeuten die Bereitschaft zur Weiterbildung. Die recht teuren Fortbildungen werden meistens nur teilweise vom Arbeitgeber getragen. Das Gehalt von Ergotherapeuten ist mit den Gehältern der Physiotherapeuten vergleichbar. Allerdings sind die Gehälter und Honorare teilweise stark im Sinken begriffen. Informieren Sie sich über die Aussichten vor Ort.

Infos
- Deutscher Verband der Ergotherapeuten (www.dve.info)

Logopäde/Logopädin

Persönlichkeitstyp	grün
Wiedereinstiegstyp	FPT, DZ, U
Ausbildung	Ausbildung oder Studium
Zentrale Kompetenzen	Fachkenntnisse, Prüfung
Familienvereinbarkeit	***
Jobchancen	***
Verdienst	*

Die Stimme und die Atmung, das Sprechen und die Sprache stehen bei den Logopäden im Zentrum. Logopäden arbeiten mit Menschen aller Altersstufen, viele Kinder mit Entwicklungsverzögerungen oder Sprachstörungen zählen zu ihren Patienten. Da die Arbeit mit Menschen dominiert, ist Logopäde ein Job für grüne Typen.

Die Hamburger Logopädin Andrea arbeitet mit Patienten aller Altersstufen. Besonders häufig kommen Kinder mit Entwicklungsverzögerungen und Sprachstörungen in die Praxis. „In vielen Familien sind alle so stark mit Fernsehen und Computer beschäftigt, dass sie einfach nicht

mehr so viel miteinander sprechen. Dann fällt das gemeinsame abend-
liche Spielen oder die Gutenachtgeschichte eben aus", weiß Andrea von
ihren kleinen Patienten. Auch bei Kindern mit Migrationshintergrund
ist die Kommunikation auf Deutsch häufig eingeschränkt. Diesen Kindern fehlt das Sprachbeispiel. „Mit Kindern arbeite ich spielerisch und
mit viel Fantasie", sagt Andrea. Mit Nachsprechübungen trainiert sie
die Aussprache und Ausdrucksfähigkeit. Bei Kindern merke man oft
recht schnell Erfolge. Besonders, wenn die Eltern mitziehen und sich
mehr mit den Kindern beschäftigen. „Als Logopädin muss ich mir
meiner eigenen Stimme und Atmung bewusst sein, damit ich für die
Patienten ein gutes Vorbild bin", so Andrea.

Mithilfe der Logopädie können Patienten ihre Kommunikationsfähigkeit verbessern und den Anschluss an das soziale und berufliche
Leben wiedererlangen. Zurzeit gibt es rund 10 000 Logopäden in
Deutschland, zu 90 Prozent sind es Frauen. Die Berufsaussichten sind
gut, allerdings regional unterschiedlich, in ländlichen Regionen teilweise besser als in den Großstädten.

Ein Pluspunkt für ältere Berufseinsteigerinnen: Sie haben keine Nachteile zu erwarten. Viele Arbeitgeber bevorzugen sogar Mitarbeiterinnen mit Lebenserfahrung. An den Logopädieschulen ist es nicht ungewöhnlich, dass Frauen Mitte vierzig die Ausbildung absolvieren und
danach erfolgreich in den Beruf einsteigen. Absolventen können sich
ohne Berufserfahrung selbstständig machen.

Ausbildung

Die Ausbildungsvoraussetzungen sind so wie bei den Physiotherapeuten. Die etwa 80 Schulen bundesweit sind alle schuldgeldpflichtig.
An den rund 55 privaten Schulen ist mit monatlichem Schulgeld zwischen 700 und 1.100 Euro zu rechnen, die staatlichen Schulen nehmen zwischen 100 und 400 Euro Schulgeld. Die anspruchsvolle Ausbildung dauert drei Jahre. Es gibt die Möglichkeit, Meister-BAföG zu
beantragen.

TIPP: Ergotherapie, Physiotherapie, Logopädie studieren

Während die Ausbildung in anderen Ländern schon immer auf Hochschulebene verlief, ist die Akademisierung dieser Berufe in Deutschland ganz neu. Der Deutsche Verband der Ergotherapeuten spricht sich eindeutig für eine Akademisierung aus. „Therapeuten arbeiten immer eigenverantwortlicher und benötigen deshalb mehr wissenschaftliche Methodenkompetenz. Im Studium lernt man optimal, komplexe chronische Krankheitsbilder zu behandeln." Wenn Sie später eine Leitungsfunktion übernehmen möchten oder eine wissenschaftliche Tätigkeit anstreben, bietet ein Studium sicherlich die richtige Grundlage. Wer dagegen praktisch tätig sein möchte, der sollte eher an eine der vielen Fachschulen gehen. Die ersten Bachelorstudiengänge in Ergotherapie, Logopädie, Physiotherapie wurden an der Hochschule Fresenius eingeführt.

Info

■ www.fh-fresenius.de

Gehalt

Die Verdienstaussichten sind vor allem für selbstständige Ergotherapeuten akzeptabel. Angestellte Logopäden verdienen bis 2.500 Euro brutto, das Einstiegsgehalt beträgt etwa 1.800 bis 2.000 Euro. Viele arbeiten teils angestellt, teils als Freierufler: eine Kombination, die sich meistens steuerlich auszahlt. Arbeitgeber sind Praxen oder Kindergärten, Rehazentren und manchmal auch Sprachheilschulen. Viele Logopädinnen sind bei verschiedenen Arbeitgebern beschäftigt, so wie Andrea, die morgens in einem Kindergarten und ab mittags in einer Logopädiepraxis arbeitet.

Infos

■ Bundesverband Deutscher Schulen für Logopädie (www.bdsl-ev.de)
■ Deutscher Bundesverband für Logopädie (www.dbl-ev.de)

Podologe/Podologin

Persönlichkeitstyp	gelb-grün
Wiedereinstiegstyp	FPT, DZ, U
Ausbildung	Ausbildung
Zentrale Kompetenzen	Fachkenntnisse, Prüfung
Familienvereinbarkeit	***
Jobchancen	***
Verdienst	**

Die Podologie ist ein Beruf mit Zukunft! „Podologen werden händeringend gesucht", weiß die langjährige Podologin Barbara Robertson. Die Hamburgerin betreibt bereits seit 20 Jahren eine medizinische Fußpflegepraxis, die ausgezeichnet läuft. Da die Bezeichnung medizinischer Fußpfleger nicht geschützt ist und sich jeder auch nur nach einer Wochenendausbildung so nennen konnte, entstand die neue Berufsbezeichnung Podologe. Eine ausgebildete Podologin hat eine zweijährige Ausbildung absolviert und behandelt und pflegt Füße auch medizinisch – zum Beispiel diabetische Füße. Seit die Krankenkassen die medizinische Fußbehandlung von Diabetikern übernehmen, hat ein Run auf podologische Praxen eingesetzt. Podologinnen behandeln viele Patienten mit der genannten diabetischen Neuropathie, bei der die Nervenzellen im Fuß absterben. Mittlerweile zählen fast 50 Prozent der Klienten in podologischen Praxen zu den Diabetikern, von denen es immer mehr gibt. Die anderen Kunden kommen wegen Hühneraugen oder eingewachsener Zehen. Podologen benötigen Fachkenntnis, doch sie sollten auch kontaktfreudig und einfühlsam sein. Denn die Kunden möchten gern erzählen, und nicht nur der Fuß will massiert werden, sondern auch die Seele. Der Vorteil an diesem Beruf ist, dass Sie die Ausbildung in Teilzeit absolvieren und auch gut Teilzeit arbeiten können! Podologen arbeiten selbstständig und auf ärztliche Verordnung.

Ausbildung

Die Ausbildung zum Podologen dauert zwei Jahre (Vollzeit) in Theorie und Praxis, beinhaltet eine Zusatzausbildung für den diabetischen Fuß und schließt mit einem Staatsexamen ab. Die Ausbildung umfasst medizinische Fächer und Naturwissenschaften, podologische Behandlungsmaßnahmen etc.

Podologen sind vorwiegend in Praxen sowie in Fußpflegeabteilungen von Rehabilitationskliniken, Krankenhäusern oder Physiotherapie-Praxen tätig. Darüber hinaus finden sie in Kosmetiksalons, Sanitäts- und Orthopädiehäusern mit podologischen Abteilungen, Seniorenheimen und Erholungseinrichtungen Beschäftigungsmöglichkeiten.

Die monatlichen Schulkosten betragen bei den privaten Instituten zwischen 200 bis 500 Euro. Insgesamt kostet eine Ausbildung in etwa 12.000 Euro – gut angelegtes Geld! Eine Ausbildungsförderung ist über einen Bildungsgutschein der Bundesagentur möglich. Ein Abschluss als Podologe kann auch über eine drei- oder vierjährige berufsbegleitende Ausbildung erworben werden. Das Einkommen ist von der Berufserfahrung und der Region abhängig. Das Einstiegsgehalt von anerkannten Fußpflegern beträgt um die 20.000 Euro pro Jahr. Selbstständige verdienen mehr, sie können auf ein Jahreseinkommen von 40.000 Euro kommen.

Info

■ Verband deutscher Podologen
 (www.verband-deutscher-podologen.de/schulen.html)

Diätassistent/in

Persönlichkeitstyp	gelb-grün
Wiedereinstiegstyp	FPT, DZ, U
Ausbildung	Ausbildung
Zentrale Kompetenzen	Fachkenntnisse, Prüfung
Familienvereinbarkeit	***
Jobchancen	***
Verdienst	**

Elke hat schon immer leidenschaftlich gern gekocht und sich für gesunde Ernährung interessiert. Im Alter von 40 Jahren hat sie sich getraut und ihr Hobby zum Beruf gemacht: Sie begann eine Ausbildung zur Diätassistentin. „Die Ausbildung war hochinteressant, aber anstrengend. Ich bin stolz, dass ich durchgehalten habe", sagt Elke. Drei Jahre besuchte sie gemeinsam mit jungen Schulabgängerinnen eine staatliche Berufsfachschule. „Eine spannende Zeit, mit meinen Mitschülerinnen habe ich immer noch Kontakt." Nach der Ausbildung fand sie eine Stelle als Diätassistentin in einer Rehaklinik für übergewichtige Menschen. Dort erstellt sie nach ärztlicher Anweisung Diät- und Speisepläne für die Patienten. Manchmal steht sie selbst am Kochtopf, aber überwiegend kontrolliert sie nur die Einhaltung der von den Ärzten verordneten Diätprogramme. Besonders gern berät sie Patienten bei Ernährungsfragen. Das geschieht teilweise in einer Einzelberatung, doch auch in Gruppensitzungen. „Mein Beruf ist sehr abwechslungsreich", sagt Elke.

Diätassistenten kümmern sich um die Ernährung von Patienten, die aufgrund von Diabetes oder anderen Stoffwechselkrankheiten oder wegen Übergewichts Diät halten müssen. Die meisten Diätassistenten sind wie Elke in Krankenhäusern oder Rehakliniken tätig. Andere arbeiten in Seniorenheimen, bei Krankenkassen, in Arztpraxen, in speziellen Beratungsstellen, in Hotels oder in der Lebensmittelindustrie. Nicht nur Kranke und ältere Menschen zählen zu den „Klienten", sondern auch Leistungssportler und Kinder – überhaupt alle Menschen, die sich gesund ernähren wollen – und das werden ja bekanntlich immer mehr. Das Wort Diät ist negativ besetzt, hat Elke häufig erlebt. „Das ist ein Missverständnis, denn wir verbieten ja nicht vorrangig, sondern empfehlen Nahrungsmittel."

Ausbildung

Die Diätassistenten handeln auf Zuweisung und Anordnung des Arztes, aber sie selbst benötigen Kompetenz und ein großes Fachwissen. Bundesweit ist etwa die Hälfte der Ausbildungsstätten staatlich und damit schulgeldfrei. Diese Schulen sind wie in der Berliner Charité einem Krankenhausbetrieb angegliedert und verfügen oft über einen hohen Ausbildungsstandard. Private Institute erheben Kursgebühren ab 50 Euro bis 400 Euro pro Monat. Ausbildungsvoraussetzung sind ein Realschulabschluss oder ein Hauptschulabschluss mit abgeschlossener Berufsausbildung.

Die Berufsaussichten sind gut, allerdings ist Flexibilität gefragt. Viele Diätassistentinnen arbeiten für mehrere Arbeitgeber, so zum Beispiel in einer Klinik und zusätzlich in einer privaten Ernährungsberatung oder in einem Altenheim. Der Verdienst ist recht bescheiden und liegt bei rund 1.700 bis 2.000 Euro brutto pro Monat. Etwa 600 Diätassistenten arbeiten selbstständig und betreuen Schulen, Kindergärten und Leistungssportler oder lehren an Hochschulen.

Info

- Verband der Diätassistenten (www.vdd.de)

Pflegeberufe

Die Jobaussichten für Krankenpfleger und Altenpfleger sind mehr als rosig. „Eine Jobgarantie bis zur Rente" gibt Johanna Knüppel vom Deutschen Berufsverband für Pflegeberufe Kranken- und Altenpflegern. Sie bezieht sich auf die aktuelle DEKRA-Arbeitsmarktanalyse, die Fachpersonal in der Gesundheitspflege beste Jobchancen bescheinigt. Der Bedarf an Pflegepersonal steigt dramatisch, da die Menschen älter werden und mehr Pflege benötigen. Schon jetzt bauen manche Kliniken Betten ab, weil ihnen das qualifizierte Pflegepersonal ausgeht. Für den späten Berufseinstieg sind die Pflegeberufe bestens geeignet, denn auch mit gut 40 Jahren finden Kranken- und Altenpflegerinnen – auch Einsteiger – problemlos einen Job. Ein weiteres Plus: Die Ausbildung zur Altenpflegerin wird in vielen Fällen als Umschulung von der Bundesagentur übernommen. Kranken- und Altenpflegeschüler erhalten außerdem eine recht hohe Ausbildungsvergütung in Höhe von durchschnittlich 830 Euro, von der sie einen Teil ihrer Lebenshaltungskosten bestreiten können – sodass sie auf die finanzielle Förderung durch eine Umschulung möglicherweise gar nicht angewiesen sind.

Ob man heute den Kranken- und Altenpflegeberuf eigentlich guten Gewissens noch empfehlen kann? Die Antworten sprechen eine deutliche Sprache. Immer noch lieben die meisten Pfleger ihren Beruf. Aber je ernster Krankenpfleger und Altenpfleger ihren Beruf nehmen, desto mehr leiden viele unter dem Berufsalltag, der zu wenig Zeit für die persönliche Ansprache und Betreuung der Patienten lässt.

Der Arbeitsalltag in den Kliniken ist für Krankenpflegerinnen tatsächlich oft hart. Deutschlands Pfleger betreuen fast doppelt so viele Patienten wie in anderen Ländern, ermittelte eine Studie der Organisation für wirtschaftliche Zusammenarbeit und Entwicklung (OECD). Ein Politiker formulierte zum Ärger der betroffenen Pflegerinnen zynisch: „Die deutschen Pfleger sind am produktivsten." Doch die Produktivität des Pflegepersonals reicht oft nicht mehr für einen Vollzeitjob. Viele Pfleger arbeiten Teilzeit, weil sie einen 40-Stunden-Job im Krankenhaus mental und physisch gar nicht mehr durchstehen können. In der Gesundheitsbranche ist Burn-out kein Fremdwort, nicht wenige Krankenpfleger steigen aufgrund von Arbeitsüberlastung aus und wechseln in andere Berufe. „Die Arbeitsbedingungen für Pfleger werden sich in den nächsten Jahren deutlich verbessern müssen, sonst finden die Krankenhäuser kein qualifiziertes Personal mehr und es droht ein Pflegenotstand, der die Krankenhäuser lahmlegt", sagt Johanna Knüppel vom Deutschen Pflegeverband.

Krankenpfleger/in

Persönlichkeitstyp	Mischtypen + soziales Engagement
Wiedereinstiegstyp	FPT, U
Ausbildung	Ausbildung
Zentrale Kompetenzen	Fachkenntnisse, Prüfung
Familienvereinbarkeit	**
Jobchancen	***
Verdienst	**

„Man muss gern mit Menschen arbeiten, dann kann man immer noch Erfüllung im Beruf finden", meint Norbert, 20 Jahre im Beruf. Der Krankenpflegeberuf sei niemals langweilig, und wer lernbegierig sei, könne sich immer weiterbilden.

In der dreijährigen Ausbildung werden die angehenden Krankenpfleger in Theorie und Praxis auf die Versorgung von Patienten vorbereitet. Sie lernen, Patienten zu waschen und zu betten, Verbände zu wechseln oder ihnen nach ärztlicher Anordnung Medikamente zu verabreichen. Ausgelernte Krankenpflegerinnen assistieren bei ärztlichen Untersuchungen und operativen Eingriffen, bedienen und überwachen medizinische Apparate und begleiten den Arzt oder die Ärztin auf Visiten. Sie setzen Spritzen, führen Wundversorgung durch, legen Schienen und Verbände an. Außerdem erstellen sie Pflegepläne, und ein immer größerer Arbeitsbereich ist weiterhin die Dokumentation der Pflege.

Krankenpflegerinnen und Pfleger nennen sie sich heute, die gute alte Krankenschwester gibt es nicht mehr. Nicht nur die Bezeichnung hat sich verändert, auch der Arbeitsalltag für Krankenpfleger hat sich in den letzten 20 Jahren dramatisch gewandelt. Die Gesundheitsreformen, die alle paar Jahre das Land überrollten, haben ihre Spuren hinterlassen. In der Folge werden Krankenhäuser mit Pflegenotstand und extremen Arbeitsbedingungen für das Pflegepersonal in Zusammenhang gebracht.

INFO:

Im Pflegeberuf gibt es vielfältige Spezialisierungsmöglichkeiten: Krankenpfleger können sich im Wundbereich, in der Psychiatrie, Endoskopie, Anästhesie, Gerontologie, Onkologie weiterbilden. Häufig werden sie dann besser vergütet. Außerdem entzerrt sich bei spezialisierten Pflegekräften oft der Arbeitsalltag, sie müssen weniger Überstunden ableisten oder sind nicht mehr im Schichtdienst eingeteilt.

Die Aufstiegsmöglichkeiten für Krankenpfleger sind sehr gut. Erfahrene Pfleger steigen nach einigen Jahren häufig zur Stationsleitung auf. Andere Pflegerinnen werden zu „Schreibtischtätern" und wechseln nach einer Zusatzqualifizierung ins Management des Krankenhauses. Mit einer Qualifizierung zur OP-Pflegerin oder Intensivpflegerin ist ebenso ein beruflicher Aufstieg verbunden. Der Verdienst und die Verantwortung steigen für die Pfleger, die im OP-Raum und in der Intensivstation tätig sind.

In den oft sehr großen Kliniken hierzulande gibt es vielfältige Aufstiegs- und Umstiegsmöglichkeiten, das ist das Spannende am Pflegeberuf, findet Norbert.

Spricht man mit Pflegern, hört man, dass die Arbeit trotz Stress und Überstunden meistens doch noch Freude macht. Tatjana, seit 15 Jahren auf der Intensivstation, schwärmt von ihrem Team. „Mit meinen Teamkollegen zusammenzuarbeiten, dazu zähle ich auch die Ärzte, und die Patienten gemeinsam zu betreuen, das erfüllt mich." Es sei beglückend, die Dankbarkeit der Patienten zu spüren. Das entschädige für die Daueranspannung im Job, und deshalb liebe sie ihren Beruf immer noch. Natürlich hört man auch anderes. Wahrscheinlich gibt es nur in wenigen Berufen so viele Aussteiger wie in den Pflegejobs. Ein Grund ist sicher auch, dass die Tätigkeiten körperlich anstrengend sind.

Doch Weiterentwicklungen in weniger anstrengende Tätigkeiten sind möglich, etwa zur Study Nurse, die in Pharmaunternehmen Assistenzaufgaben übernimmt.

Im Ausland arbeiten

Andere Pfleger sind den Weg – oder die Flucht? – ins Ausland angetreten. Seit Jahren werben zum Beispiel die skandinavischen Länder, die Schweiz und Österreich massiv Pfleger aus Deutschland ab. Der Betreuungsschlüssel in den Krankenhäusern ist in diesen Ländern günstiger, der Verdienst für die Pfleger höher und das Ansehen größer. „Im Paradies angekommen" fühlen sich deutsche Krankenpflegerinnen, die nach Schweden, Dänemark, in die Schweiz oder nach Österreich ausgewandert sind, weiß Johanna Knüppel vom DVFP. Wenn dies privat möglich ist und Ihre Familie sich auf ein Leben im Ausland einlässt, können Sie bei einer Auslandstätigkeit beruflich enorm profitieren.

Ausbildung

Krankenpflegeschulen gibt es bundesweit in allen größeren Städten. Sie sind oft Kliniken angegliedert, die Pflegeschüler absolvieren den praktischen Teil der Ausbildung im Krankenhaus. Es gibt in manchen Städten die Möglichkeit, die Ausbildung in Teilzeit zu absolvieren. Sie dauert dann fünf Jahre. Die Schüler erhalten bei einer Vollzeitausbildung eine monatliche Vergütung in Höhe von rund 840 Euro pro Monat.

Wer ist für den Pflegeberuf geeignet? Sie sollten körperlich und psychisch belastbar sein, ein gutes Einfühlungsvermögen haben, keine Scheu vor technischen Geräten und ein hohes Verantwortungsgefühl haben und dazu eine schnelle Auffassungsgabe. Schulische Mindestvoraussetzung ist seit Kurzem nicht mehr eine abgeschlossene Ausbildung nach dem Hauptschulabschluss. Jetzt können auch Hauptschüler ohne Berufserfahrung in die Krankenpflege gehen.

Info
■ Deutscher Pflegeverband (www.dpv-online.de)

Altenpfleger/in

Persönlichkeitstyp	Mischtypen + soziales Engagement
Wiedereinstiegstyp	FPT, DZ, U
Ausbildung	Ausbildung
Zentrale Kompetenzen	Fachkenntnisse, Prüfung
Familienvereinbarkeit	*
Jobchancen	***
Verdienst	*

Der Altenpfleger ist seit Jahren einer der gefragtesten Berufe. Für Altenpfleger gilt dasselbe wie für Krankenpfleger: Der Beruf ist mental und körperlich sehr fordernd und Sie sollten sich genau überlegen, ob Sie diesen Weg gehen möchten, zumal die Entlohnung nicht sehr üppig ist. Wenn Sie allerdings gern mit alten Menschen umgehen, über eine gute körperliche Konstitution verfügen, psychisch belastbar sind und relativ zügig arbeiten, können Sie in der Pflege von alten Menschen Erfüllung und berufliche Zufriedenheit finden.

Monika, Mutter eines 10-jährigen Sohnes, ist seit über 20 Jahren in der Altenpflege tätig. Sie ist so reingerutscht, sagt sie, eigentlich hatte sie Mathematik auf Lehramt studiert, sah aber für sich als Lehrerin keine berufliche Perspektive. Am Beruf der Altenpflegerin gefällt ihr, dass sie anders als Krankenpfleger eine Langzeitbeziehung zu den Patienten aufbaut. Manche der alten Menschen betreut sie seit mehreren Jahren. Alle paar Tage schaut sie bei ihnen vorbei, um sie zu waschen, zu betten, ihnen Essen zuzubereiten oder mit ihnen zum Arzt zu fahren. Sie kennt ihre Kunden nicht nur mit Namen, sondern auch ihre Gewohnheiten, ihre liebenswürdigen Seiten und ihre Marotten. Monika nimmt ihre Arbeit sehr ernst. So lässt sie sich bei den Patienten oft mehr Zeit als sie eigentlich müsste, um ein paar persönliche Worte zu wechseln – Zeit, die nicht entlohnt wird. Wenn es ihr nötig erscheint, den Rücken zu waschen, weil die Patientin verschwitzt ist, dann verschiebt sie das nicht auf den nächsten Tag. Sie versucht, jeden ihrer Patienten, für die ihr Besuch oft die einzige Ablenkung am Tag ist, aufzuheitern: „Wenn ich der traurigen Frau Schmidt ein Lächeln entlocken kann, dann sehe ich das als Bestätigung für meine Arbeit", sagt Monika.

So sehr sie den direkten Umgang mit den pflegedürftigen alten Menschen schätzt, über den Pflegealltag äußert sie sich recht desillusioniert. Die Krankenstände im Pflegeteam seien hoch, es gebe zu wenige Springer, sodass Krankenvertretungen zusätzlich zum anstrengenden Schichtdienst an der Tagesordnung seien. In einer Schicht betreuen Monika und ihre Kolleginnen – etwa 90 Prozent der Altenpflegerinnen sind Frauen – bis zu 24 Patienten in der Hauspflege.

Die Anfahrt ist in der Betreuungszeit enthalten, und der Besuch beim Patienten unterliegt dem Minutendiktat: Für alle pflegerischen Tätigkeiten wie das Umbetten, die kleine Rückenwäsche und große Wäsche, Spritzen geben und Medikamentenversorgung gibt es eine festgelegte Zeit und ein Punktesystem. Für das Frühstückmachen sind fünf Minuten eingeplant – vor zehn Jahren waren es noch zehn Minuten. Zeitaufwendig ist die Dokumentation der einzelnen Arbeitsschritte, die minutiös schriftlich festgehalten werden. Dies ist wichtig, damit die wechselnden Pfleger über die Betreuung und die gesundheitliche Verfassung des alten Menschen genau im Bilde sind.

Die Qualitätsmanager im Pflegedienst machen regelmäßig Stichproben zur Dokumentation. Nach vielen Klagen über unzureichende Pflege alter Menschen achten die Pflegedienste mittlerweile sehr auf die gute Betreuung der Patienten. Die Zufriedenheit der Patienten und ihrer Angehörigen wird großgeschrieben, und die Altenpfleger haben diese zu gewährleisten. „Die schlechte Bezahlung für diese psychisch und körperlich anstrengende Arbeit empfinde ich als mangelnde Wertschätzung", sagt Monika.

Doch anders als ihre besser verdienende Kollegin Antje, die nach einer Weiterbildung ins Qualitätsmanagement des Pflegedienstes wechselte und geregelte Arbeitszeiten hat, möchte sie weiterhin direkt mit alten Menschen arbeiten. Eine andere Kollegin, die damals mit ihr anfing, ist mittlerweile Pflegedienstleiterin und somit ebenfalls besser verdienend. Da die Rente für Altenpfleger nicht hoch ist, arbeiten etliche ältere Pflegekräfte nach dem altersbedingten Ausscheiden weiterhin auf 400 Euro Basis. Die Möglichkeit, ins Ausland zu wechseln besteht für Altenpfleger leider nicht, da der Beruf außerhalb Deutschlands nicht anerkannt ist.

Ausbildung

Die Ausbildung zur Altenpflegerin dauert drei Jahre. Theorieblöcke und Praktika wechseln sich ab. Voraussetzung für die Zulassung zur Ausbildung ist die abgeschlossene Mittlere Reife oder die erfolgreich abgeschlossene Prüfung zum Altenpflegehelfer bzw. zur Altenpflegehelferin. Wer dabei die Note 2,5 oder besser erreicht, kann direkt auch ohne Mittlere Reife ins zweite Ausbildungsjahr wechseln.

Gehalt

Das Einkommen ist von Bundesland zu Bundesland unterschiedlich. Im Durchschnitt kommen ausgebildete Altenpfleger in etwa auf ein monatliches Einkommen von gut 2.000 bis 2.300 Euro. Manche private Einrichtungen zahlen aber auch weit unter Tariflohn.

Info

■ Personalberatung Pflege
 (www.personalberatung-pflege.de/tarifvertraege.html)

Altenpflegehelfer/in

Persönlichkeitstyp	Mischtypen + soziales Engagement
Wiedereinstiegstyp	FPT, DZ, U
Ausbildung	Ausbildung
Zentrale Kompetenzen	Fachkenntnisse, Prüfung
Familienvereinbarkeit	*
Jobchancen	***
Verdienst	*

Altenpflegehelfer unterstützen die Altenpfleger bei ihrer Arbeit und werden eher bei weniger verantwortlichen Tätigkeiten im nicht medizinischen Bereich eingesetzt. Sie helfen bei der Körperpflege, beim Essen, beim Verbandswechsel, Spülungen und Medikamentenverabreichungen und machen Bewegungs- und Atemübungen mit den alten Menschen. Zu den Aufgaben gehört auch die Beratung der Alten bei persönlichen und sozialen Angelegenheiten. Sie begleiten ältere Menschen bei Behördengängen und Arztbesuchen und arbeiten mit den Familienangehörigen zusammen.

Ausbildung

Altenpflegehelfer absolvieren die einjährige Ausbildung in Berufsfachschulen und Berufskollegs. Die zum Beispiel in Hamburg angebotene Ausbildung zum Gesundheits- und Pflegeassistenten findet im Krankenhaus und in der Berufsschule statt. Die Ausbildung wird sowohl in Vollzeitform als auch berufsbegleitend durchgeführt. Vorausgesetzt wird in der Regel mindestens der Hauptschulabschluss. Die Ausbildung zur Altenpflegehelferin wird mit einer staatlichen Prüfung abgeschlossen.

Das Gehalt liegt unter dem der Altenpfleger und schwankt regional bedingt zwischen etwa 1.500 Euro und 2.000 Euro für eine Vollzeittätigkeit.

Jobs rund um die Bildung

Die OECD stellt Deutschland regelmäßig an den Pranger: Zu niedrig sind unsere Bildungsausgaben, zu schlecht die Standards. Nachholbedarf besteht eindeutig. Im Vergleich zu Skandinavien mangelt es an allen Ecken und Enden. Doch die Aufholjagd hat begonnen, und viel verändert sich. Mit der Folge, dass im Bildungsbereich mehr Arbeitskräfte gefragt sein werden.

Erzieher/in

Persönlichkeitstyp	Mischtypen + Interesse an der Arbeit mit Kindern
Wiedereinstiegstyp	FPT, DZ, U
Ausbildung	Ausbildung
Zentrale Kompetenzen	Fachkenntnisse, Prüfung
Familienvereinbarkeit	*
Jobchancen	***
Verdienst	*

Im Erzieherberuf haben Sie gute Aussichten. Im Moment spezialisiert sich der Erzieherberuf, mehr und mehr ist universitäre Bildung gefragt, um die frühkindliche Entwicklung stärker zu fördern. Da bislang zu 95 Prozent Frauen in diesem Beruf beschäftigt sind, haben Männer besonders gute Chancen. Reich werden Sie als Erzieher sicherlich nicht, aber wenn Sie sich gern mit Kindern beschäftigen, ist die Tätigkeit als Erzieher mit Sicherheit sehr erfüllend.

Im Juni 2009 zählten Erzieherinnen zu den meist gesuchten Arbeitnehmerinnen. Das liegt am Ausbau der frühkindlichen Betreuungseinrichtungen. In so manchen Regionen Deutschlands – insbesondere in Süddeutschland – lag bis vor wenigen Jahren die Erziehung von Kleinkindern fast ausschließlich in den Händen der Mütter. Das wertekonservative Weltbild hat sich besonders in katholischen Gegenden noch länger gehalten. Doch in Zeiten des demografischen Wandels hat der Staat ein Interesse daran, Frauen nach der Elternzeit möglichst früh wieder in den Arbeitsprozess einzugliedern. Frühkindliche Betreuung ist jetzt einklagbar, und die Kommunen sind verpflichtet, Betreuungseinrichtungen anzubieten. Überall entstehen Kindertagesstätten, für die kompetentes Personal gesucht wird.

„Wenn eine Gartenarchitektin oder Friseurin nach der Elternzeit umsattelt zur Erzieherin, ist das sehr zu befürworten. Umsteigerinnen bringen neue Ideen mit und haben manchmal mehr Power als lang gediente Erzieherinnen", sagt Hilde von Balluseck, Professorin an der Alice Salomon Hochschule für Soziale Arbeit in Berlin. Wichtig sei auf jeden Fall Freude an der Arbeit mit Kindern und Erwachsenen – auch pädagogische Fähigkeiten sind gefragt. Die Aufgaben von Erziehern sind vielfältig und oft sehr anspruchsvoll. Schließlich sind sie Ansprechpartner und Vorbild für die kleinen Menschen, mit denen sie tagtäglich zu tun haben. Natürlich sollen sie ihnen Zuneigung schenken, aber eben auch Regeln aufstellen oder Streit schlichten. Schwache Nerven sind schlecht im Erzieherberuf. Der Lärmpegel ist hoch, die Kindergruppen oft groß, und wütende Kinder oder unzufriedene

Eltern wollen beschwichtigt werden. Wer über praktische Fähigkeiten verfügt, kann diese im Erzieherberuf gut einbringen: Mit den Kindern singen oder kochen, basteln oder mit Speckstein arbeiten, tanzen und Sport treiben gehört zum Tagesablauf in Kindergärten und Kindertagesstätten.

Persönliche Fähigkeiten der Erzieher

- Freude an der Arbeit mit Kindern und Erwachsenen
- Interesse an Pädagogik
- Neigung zu kreativen Tätigkeiten wie Musik, Basteln, Bewegung

Weiterbildung

Die Ausbildungs- und Zulassungsbedingungen unterliegen den einzelnen Bundesländern und variieren von Land zu Land. Es gibt verschiedene Wege, den Beruf der Erzieherin zu lernen:

- über eine 2jährige Ausbildung zur Sozialassistentin,
- dreijährige Fachhochschul- oder Fachakademieausbildung,
- Hochschulstudium mit Bachelorabschluss,
- Ausbildung an Erzieherfachschulen.

Erzieher lernen zwei bis vier Jahre an Berufsfachschulen oder Berufsakademien. In der Regel besteht die Möglichkeit, während der Ausbildung die Fachhochschulreife oder allgemeine Hochschulreife zu erwerben.

Die theoretische Ausbildung reicht von sozialpädagogischen Grundlagen, rechtlichen Sachverhalten über Religionspädagogik bis hin zu allgemeinbildenden Fächern wie Deutsch oder Politik. Zum Lehrstoff zählen auch die neuesten entwicklungs- und lernphysiologischen Erkenntnisse, um Kinder geistig besonders zu fördern. Während der praktischen Ausbildungseinheiten lernen Erzieher den Kindergartenalltag kennen und sammeln Berufserfahrung und Know-how, um schwierige Situationen zu meistern. Nach dem einjährigen Anerkennungspraktikum nach der Fachschulzeit ist die Ausbildung zur Erzieherin beendet. Die Erzieherfachschulen laufen überwiegend im Vollzeitunterricht, einige private Institute und auch staatliche Schulen bieten Teilzeitausbildungen an, die Ausbildung ist bei den privaten Instituten teilweise mit beträchtlichen Kosten verbunden. Es gibt mittlerweile auch die Möglichkeit, sich in einem Fernlehrgang als Erzieherin zu qualifizieren.

Hochschulstudium Kindergartenpädagogik

Im Hochschulstudium der Frühpädagogik wird besonderes Augenmerk auf die Förderung der Intelligenz und Persönlichkeit kleiner Kinder gelegt. „Wie können die mathematischen, technischen Fähigkeiten im Spiel und Experiment gefördert werden? Wie geht man eine Erziehungspartnerschaft mit den Eltern ein, arbeitet also kooperativ mit den Eltern zusammen?" Darum gehe es im Studium, sagt Hilde von Balluseck. Im Fokus stehe auch noch mehr als an den Erzieherfachschulen die Organisation des Kindergartenbetriebs, eben die betriebswirtschaftlichen Aspekte und das Qualitätsmanagement. Wer also von vornherein weiß, dass für sie oder ihn eher eine Leitungsfunktion im Kindergarten infrage kommt, solle am besten gleich ein Studium absolvieren.

Diese und weitere Hochschulen bieten ein Studium der frühkindlichen Erziehung an:

- Alice Salomon Hochschule, Berlin (www.ash-berlin.eu)
- Evangelische Fachhochschule Freiburg (www.efh-freiburg.de)
- Evangelische Fachhochschule Berlin (www.evfh-berlin.de)
- Evangelische Fachhochschule Hannover (www.fakultaet5.fh-hannover.de)
- Hochschule Neubrandenburg (www.hs-nb.de)
- Universität Bremen (www.uni-bremen.de)
- usw.

Gehalt

Der Beruf der Erzieherin gilt leider zu Recht als unterbezahlt. Der Verdienst im öffentlichen Dienst ist tariflich geregelt. Das Gehalt richtet sich nach der Entgeltgruppe 6 und liegt bei ca. 1.900 bis 3.000 Euro monatlich, je nach Stufe. Die schulische oder universitäre Ausbildung wird nicht vergütet. Im Anerkennungspraktikum wird ein Gehalt bezahlt, das sich bei staatlichen Einrichtungen am Tarif des öffentlichen Dienstes anlehnt – in etwa 1.200 Euro brutto.

Infos

- Erzieherin (www.erzieherin.de)
- Erzieherin Online (www.erzieherin-online.de)

Lehrer/in

Persönlichkeitstyp	grün-blau-gelbe + Interesse an Kindern und/oder Jugendlichen
Wiedereinstiegstyp	FPT, U, KF/KM
Ausbildung	Studium, in Ausnahmefällen Ausbildung
Zentrale Kompetenzen	Soziale Fähigkeiten und Wissen
Familienvereinbarkeit	***
Jobchancen	**
Verdienst	***

Fast jeder zweite Lehrer in Deutschland ist über 50 und geht in den kommenden zehn bis 15 Jahren in den Ruhestand. Zwar sinken gleichzeitig die Schülerzahlen, trotzdem werden in den nächsten Jahren weiterhin viele neue Lehrer eingestellt – gefragt sind insbesondere Pädagogen mit den Fächern Mathematik, Physik, Technik, Latein und Spanisch. Vor allem Haupt- und Berufsschulen suchen Lehrer –

Gymnasien etwas seltener. An beruflichen Schulen haben auch Quereinsteiger ohne Studium, aber mit Meisterbrief gute Chancen.

Bei fast keinem anderen Beruf scheiden sich dermaßen die Geister. Mit elf Ferienwochen pro Jahr liegen die Pädagogen in Sachen Urlaub einsam an der Spitze. Gleichzeitig haben sie aber während der Schulzeit eine Arbeitsbelastung von oft mehr als 55 Stunden zu bewältigen. Sind Lehrer nun zu beneiden oder nicht? Sie verdienen gut und sind als Beamte bestens abgesichert. „Aber es ist kein Job für Weicheier", sagt ein Lehrerausbilder. Lehrer müssen sich ihr Geld hart verdienen, denn in der Schule von heute geht es nicht mehr zu wie bei der „Feuerzangenbowle". Um sich ein Bild zu machen, sollten sich angehende Lehrer ruhig auf YouTube Filme wie „Lehrer dreht durch" oder „Schüler kotzt Lehrer in die Tasche" angucken, empfiehlt der Ausbilder. Wer lediglich sein Fach unterrichten will, ist nicht nur in der Hauptschule, sondern auch am Gymnasium falsch. Mehr denn je benötigen Lehrer pädagogische Fähigkeiten und Personal Skills wie Empathie, Authentizität und Klarheit. Diejenigen, die den Lehrerberuf gewählt haben, weil die Pension gut ist, werden im Schulbetrieb wahrscheinlich scheitern.

INFO: Jobsuche für Lehrer

Die Lehrerausbildung ist Ländersache, darum sind die Aussichten für angehende Lehrer von Land zu Land verschieden. Informieren können Sie sich dazu unter www.uni-due.de/isa/lehrerbedarf_2009.pdf.

Auch in musischen Fächern wie Musik und Kunst werden in der Sekundarstufe I teilweise Lehrer gesucht. Mobilität ist wichtig, wenn Sie nach dem Studium eine Anstellung suchen. Wer bereit ist, auch in weniger attraktive Regionen zu gehen, hat automatisch bessere Chancen.

Quereinstieg

Spezielle Ausbildungsgänge zum Fachlehrer ohne Hochschulstudium gibt es in Baden-Württemberg, Bayern und Nordrhein-Westfalen. Der größte Bedarf bundesweit besteht an beruflichen Schulen. Hier werden auch Fachlehrer aus der freien Wirtschaft gesucht – insbesondere aus den Berufsfeldern Wirtschaft und Verwaltung, Metalltechnik sowie Elektrotechnik. In manchen Ländern reicht neben dem Meistertitel ein pädagogischer Vorbereitungsdienst aus, um in den Schuldienst zu gelangen – und dort einigermaßen überschaubare Arbeitszeiten zu genießen.

Info

- www.lehrer-werden.fwu.de

Berufe rund um die Informationstechnik (IT)

Frauen und Technik – immer noch scheint das nicht so recht zusammenzupassen. Leider, denn die Berufe mit den besten Chancen sind oft technisch ausgerichtet. MINT heißt dabei das Zauberwort. Dahinter verbergen sich die vier besonders chancenreichen Fach- und Themengebiete Mathematik, Informatik, Naturwissenschaft und Technik. Längst leben wir in einer Wissensgesellschaft. Das Wissen um IT-Prozesse und die Möglichkeiten der IT sind dabei besonders wertvoll. In nur wenigen anderen Bereichen lassen sich ähnlich gute Gehälter erzielen. Mit Ausbildung liegen diese meist über 30.000 Euro im Jahr, mit Studium meist und schnell bei über 50.000 Euro – nach oben oft offen.

Qualifikation

Wir möchten hier die IT-Ausbildungsberufe als zweite Chance für Wiedereinsteiger vorstellen. Seit 1997 gibt es verschiedene Ausbildungsberufe, die direkt in die IT führen. Wer eine IT-Lehre absolviert hat, hat gute Chancen – im Einkauf, Vertrieb oder auch im Support. Auch Wiedereinsteiger haben eine Chance an einen Ausbildungsplatz zu kommen – vor allem in kleineren Betrieben und wenn sie Kenntnisse mitbringen, die „verwertbar" sind, also schon gut mit dem Computer umgehen können. Sicher ist aber oft Überzeugungsarbeit nötig – ein Praktikum kann helfen, diese zu leisten.

Das Besondere an den IT-Ausbildungen ist, dass 60 Prozent der Ausbildungsinhalte gleich sind, egal welche IT-Lehre absolviert wird. Die übrigen 40 Prozent bilden die Kernkompetenz aus, die in einigen Berufen eher technisch, in anderen eher kaufmännisch gelagert ist. Die bekannteste technische Ausbildung ist die des Fachinformatikers. Diesen gibt es in zwei Richtungen: als Fachinformatiker Anwendungsentwicklung und als Fachinformatiker Systemintegration. Nach der Ausbildung in einem IT-Beruf können Sie überall arbeiten: in Unternehmen, Agenturen, Systemhäusern, bei Beratungsunternehmen. Die IT-Ausbildungsberufe konkurrieren mit dem kurzen Bachelorstudium – was karrieretechnisch langfristig die bessere Variante ist, wird sich erst noch zeigen.

INFO:
Gerade Wiedereinsteiger liebäugeln oft mit den neuen Medienberufen wie Mediengestalter Bild und Ton. Doch dieser Bereich ist mittlerweile überlaufen. Zudem arbeiten Sie in überwiegend sehr jungen Unternehmen. Älteren Wiedereinsteigern raten wir eher ab, sich in diesem Beruf umzuschauen – es sei denn, echte Leidenschaft treibt an.

Ausbildungs-beruf	Inhalt	Voraus-setzung	Verdienst/ Tarif	Arbeitsplatz	Perspek-tiven für ältere Neu-starter
Fach-informatiker Anwendungs-entwicklung	Schwerpunkt Programmie-rung und Arbeit im Soft-wareumfeld	de facto meist Abitur, bei kleineren Unternehmen selten Realschule	622 (1. Jahr) bis 755 Euro (3. Jahr)	bei Unter-nehmen und in System-häusern	***
Fachinforma-tiker System-integration	Schwerpunkt IT-Systeme, Netzwerktechnik etc.	Realschule	622 (1. Jahr) bis 755 Euro (3. Jahr)	bei Unter-nehmen und in System-häusern	***
Informatik-kaufmann	Schwerpunkt Einkauf von IT-Dienstleistungen	Realschule	622 (1. Jahr) bis 755 Euro (3. Jahr)	Unter-nehmen	***
IT-System-elektroniker	Schwerpunkt Planung und Inbetriebnahme von IT-Systemen	Realschule	622 (1. Jahr) bis 755 Euro (3. Jahr)	Unter-nehmen, Elektro-betriebe	***
Media-matiker/ Schweiz	verknüpft Kaufmänni-sches mit Technik, für Allrounder	Volkschule, Test Sigmedia	622 (1. Jahr) bis 755 Euro (3. Jahr)	Unter-nehmen	****
Medien-gestalter Digital und Print und Medien-gestalter Bild und Ton	Kreative Ausbildung mit dem Schwerpunkt Gestaltung und/oder Projektmanagement im Bereich Design von Webseiten, CDs und Druckerzeugnisse	zwei Drittel haben Abitur	520 bis 683 Euro	Agenturen, Druckerein, seltener Unter-nehmen	**
Medien-gestalter Bild und Ton	Kreative Ausbildung mit dem Schwerpunkt Gestaltung und/oder Projektmanagement im Bereich Foto, Film, Video, Audio	zwei Drittel haben Abitur	520 bis 683 Euro	Agenturen, Produktions-firmen	**
IT-System-kaufmann	Schwerpunkt Projekte zur Einführung und Erweite-rung der IT und Telekom-munikation	Realschule	660 bis 657 Euro	Unter-nehmen	***

Ausbildungs-beruf	Inhalt	Voraus-setzung	Verdienst/ Tarif	Arbeitsplatz	Perspek-tiven für ältere Neu-starter
MATSE = Mathe-matisch-technischer Assistent	Die Konzeption, Realisierung und Wartung von Softwaresystemen mit mathematischen Modellen	Abitur	622 (1. Jahr) bis 755 Euro	Bei Unter-nehmen und in System-häusern	****

Eine andere Einstiegsmöglichkeit ist ein Studium. Gerade Wirtschaftsinformatik ist derzeit enorm gefragt. Sie verbindet BWL mit Informatik. Der Mathematikanteil ist zudem wesentlich niedriger als bei Informatik, was das Studium auch für naturwissenschaftlich mäßig begabte Personen interessant macht. Ältere profitieren, wenn sie vorherige Berufserfahrung mit dem Studium verbinden und einen eigenen Mix daraus machen können. Beispiel: Sie waren vor Ihrer Erziehungspause Buchhändlerin und studieren danach Wirtschaftsinformatik, wobei Ihre Bachelorthesis den Einsatz von Warenwirtschaftssystemen im Buchhandel aufgreift. Auch ein spätes Ingenieurstudium kann eine Chance sein, in eine Gehaltsgruppe aufzuschließen, in die Sie mit anderen Berufen nur schwer kommen. Es ist es wert, sich mit den Möglichkeiten als Maschinenbau- oder Elektroingenieur zu beschäftigen, auch wenn Sie längst über 30 sind – und zwar nicht nur, wenn Sie vorher einen technischen Beruf ausgeübt haben.

Infos

- Think Ing (www.think-ing.de): u. a. Eignungstest für Ingenieure
- Wilhelm Büchner Hochschule (www.wb-fernstudium.de): technische Studiengänge

Auf verschiedenen Webseiten können Sie testen, ob Sie sich für ein technisches Studium eignen, z. B. Borakel (www.borakel.de) oder Selbsttest RWTH Aachen (www.rwth-aachen.de/go/id/yel).

Berater/in

Persönlichkeitstyp	grün-blau + Interesse an IT
Wiedereinstiegstyp	U, KF/KM
Ausbildung	Studium, in Ausnahmefällen Ausbildung
Zentrale Kompetenzen	Wissen und die Fähigkeit, dieses zu vermitteln
Familienvereinbarkeit	*
Jobchancen	***
Verdienst	***

Beraterjobs sind fast immer mit Reisen verbunden, es sei denn, Sie sind ein „Inhouse-Berater" – was eher selten vorkommt. Deshalb eignet sich der Job nur bedingt für die Familienphase bzw. nur, wenn der Partner stringent mitmacht. Aber: IT-Berater ist ein sehr häufiger Beruf. Über 50 000 Stellenangebote für Berater und Consultants hält allein die Job-suchmaschine Kimeta bereit. Was aber genau macht so ein Berater? Im IT-Umfeld ist er eine Art Umsetzungsbegleiter. Erst einmal analysiert er in dem Kontext, in dem er beraten soll (in unserem Beispiel die IT oder einen Prozess). Dann entwickelt er Konzepte für Lösungen, bespricht diese mit den Kunden und führt sie ein. Dabei arbeitet er meist in Projekten und übernimmt nicht selten auch Aufgaben aus dem Projektmanagement oder ist sogar selbst Projektleiter.

In größeren Unternehmensberatungen steigen unerfahrene Bewerber oft als Junior Consultant ein, um sich dann als Consultant und schließlich Senior Consultant zu bewähren. Sehr viele Consultants arbeiten auf der Basis von Freelancerverträgen, sind also nicht angestellt. Das empfinden viele als Vorteil, weil sie so häufiger wechseln können und auch mal ein, zwei Monate pausieren. Einige arbeiten zudem nur vier Tage die Woche – wobei es erfahrungsgemäß nicht leicht ist, das bei den Auftraggebern durchzusetzen.

Business (Process) Analyst

Persönlichkeitstyp	grün-blau + Interesse an IT
Wiedereinstiegstyp	U, KF/KM
Ausbildung	Studium, in Ausnahmefällen Ausbildung
Zentrale Kompetenzen	Wissen und die Fähigkeit, dieses zu vermitteln
Familienvereinbarkeit	*
Jobchancen	***
Verdienst	***

Sie analysieren, beschleunigen und optimieren Geschäftsabläufe. Die Aufgabe der Businessanalysten ist es, die Kundenanforderungen aufzunehmen und so zu formulieren, dass sie vom technischen Personal verstanden und in ein IT-System umgesetzt werden können. Ziel ist dabei stets eine Effizienzsteigerung – also Kostenersparnis. Die Hauptarbeit des Businessanalysten ist zuhören, hinterfragen, verstehen, strukturieren und dokumentieren. Dazu brauchen sie IT-Kenntnisse, vor allem aber ihren Kopf und gesunden Menschenverstand.

Entwickler/Programmierer/in

Persönlichkeitstyp	blau-gelb + Interesse an IT
Wiedereinstiegstyp	U, KF/KM
Ausbildung	Studium, in Ausnahmefällen Ausbildung
Zentrale Kompetenzen	Wissen und die Fähigkeit, dieses zu vermitteln
Familienvereinbarkeit	*
Jobchancen	***
Verdienst	***

Oft wird der Begriff des Entwicklers synonym zu dem des Programmierers verwendet. Bei Licht betrachtet gibt es aber begriffliche Unterschiede. So hat der Entwickler umfassendere und oft auch konzeptionelle Aufgaben, stößt an die Grenze zum Systemarchitekten und übernimmt in der Praxis oft dessen Aufgaben. Entwicklung ist also etwas anspruchsvoller als Programmierung. Deutlich zeigt die englische Sprache den Unterschied: Der adäquate englische Begriff ist der Software Developer – im Unterschied zum Coder oder Programmer.

Ein Programmierer nutzt eine Programmiersprache, um eine Software zu entwickeln oder auch um ein Computersystem zu steuern. Er bringt Maschinen dazu, das zu tun, was der Auftraggeber sich vorstellt oder verbindet unterschiedliche Systeme durch Schnittstellen. Die am meisten genutzten und deshalb oft gesuchten Programmiersprachen sind C++ und Java. C++ gehört zur Gruppe der sogenannten objektorientierten Programmierung, Java (seit 1995) zur neuesten Generation visueller Programmierung, ebenso wie C+- oder C++.net oder VB.net. Daneben gibt es z. B. noch Darstellungssprachen für das Internet wie PHP oder ASP.net. Die bekannteste Internetsprache ist jedoch HTML. In der Werbung viel genutzt ist die Programmierung in Actionscript (Flash). Immer noch im Einsatz sind auch Sprachen aus der älteren Generation, etwa C. Sie ermöglichen eine sehr saubere, exakte Programmierung, ideal etwa für Gerätetreiber (das ist Software, die den PC dazu bringt, mit einem Gerät zu kommunizieren).

Netzwerk- und Systemadministrator/in

Persönlichkeitstyp	blau-gelb + Interesse an IT
Wiedereinstiegstyp	U, KF/KM
Ausbildung	Studium, in Ausnahmefällen Ausbildung
Zentrale Kompetenzen	Wissen und die Fähigkeit, dieses zu vermitteln

Familienvereinbarkeit	*
Jobchancen	**
Verdienst	**

Netzwerkadministratoren sind für das Firmennetzwerk zuständig, Systemadministratoren stellen den Betrieb der „Systeme" sicher. Sie sorgen etwa dafür, dass nicht jeder auf alle Daten zugreifen kann und Daten sicher ausgetauscht werden. Sie konfigurieren, betreiben, überwachen und pflegen Datennetze für Computer sowie integrierte Telekommunikationsnetze für Telefonie (z. B. Kommunikation über Telefon), Videokonferenzen oder Funknetze.

Projektmanager/in

Persönlichkeitstyp	blau-gelb + Interesse an IT
Wiedereinstiegstyp	KF/KM
Ausbildung	Studium, in Ausnahmefällen Ausbildung
Zentrale Kompetenzen	Wissen und die Fähigkeit, dieses zu vermitteln
Familienvereinbarkeit	*
Jobchancen	***
Verdienst	***

Der Projektmanager ist mindestens so gesucht wie der Berater. Es ist aber kein Ausbildungsberuf, sondern eine Zusatzqualifizierung. Sie bietet sich an, wenn Sie bereits im IT- oder auch Marketing-, E-Commerce- und Bankenbereich gearbeitet haben und solide Berufserfahrung mitbringen.
Nach DIN 69901 ist Projektmanagement die Gesamtheit der Führungs-aufgaben, -organisation, -techniken und -mitteln für die Abwicklung

des Projekts. Wird also in einer Stellenanzeige ein Projektmanager gesucht, so geht es dabei um eine Person, die mit der verantwortlichen Abwicklung eines oder mehrerer Projekte betraut ist. Dies ist nicht notwendigerweise eine Führungsposition. Viele Projektmanager arbeiten unter Gleichrangigen. Dabei benötigen sie allerdings in besonderem Maße soziale Fähigkeiten, um die Fäden zusammenzuhalten und das Team zu motivieren. Gute Projektmanager sind weitgehend unabhängig von der Technik, benötigen „nur" ein gutes Überblickswissen, um zwischen einer Fachabteilung und den Spezialisten im eigenen Team vermitteln zu können.

Qualifikation

Mit einer fundierten Weiterbildung können Sie Projektmanagement-Fachmann werden. Diese Weiterbildung wird teilweise von der Bundesagentur für Arbeit per Bildungsgutschein gefördert.

	PMI (Project Management Institute)	IPMA (Internationale Project Management Association)
Wo?	weltweit, USA	Europa und China, Sitz Schweiz
Einstiegs-voraus-setzung	Minimum Abitur, besser Studium sowie drei bis fünf Jahre Berufserfahrung	Berufsausbildung
Zertifi-zierung	online	Verfahren
Struktur	Der Certified Associate Project-management (CAPM) ist die Einstiegsstufe, der PMI die Profizertifizierung	Vier Stufen, der Projektmanagement-Fachmann (Level D) ist die erste. Es folgen C, B und A. Der PMI entspricht dem Level C.

	PMI (Project Management Institute)	IPMA (Internationale Project Management Association)
Für wen?	Wenn Sie schon lange in Projekten arbeiten und viel Erfahrung haben; wenn Sie international arbeiten.	Für Einsteiger ins Projektmanagement, die sich langsam weiterentwickeln wollen.
Prüfungstermine	flexibel	vier Mal pro Jahr
Kosten	ca. 3.000 Euro	ab 3.200 Euro für Level D, Level C kostet 5.500 Euro

Tester/in

Persönlichkeitstyp	blau-grün + Interesse an IT
Wiedereinstiegstyp	U, KF/KM
Ausbildung	Studium, in Ausnahmefällen Ausbildung
Zentrale Kompetenzen	Wissen und die Fähigkeit, dieses zu vermitteln
Familienvereinbarkeit	*
Jobchancen	***
Verdienst	***

Auch Softwaretester sind gesucht. Der Job ist ideal für Kommunikatoren, die ein solides technisches Wissen haben. Ihre Aufgabe ist es nämlich, Programme und Systeme zu testen und die Fehler zu kommunizieren. Dabei haben Sie sowohl mit Laien als auch mit Fachleuten zu tun. Branchenwissen ist für Tester wichtig, mitunter noch wichtiger als eine einschlägige Ausbildung oder ein Studium. Quereinsteiger haben deshalb eine gute Chance.

Qualifikation

Es gibt verschiedene Zertifizierungen für Tester, die allerdings Berufserfahrung voraussetzen.

Info

- ISTQB-Zertifizierungen bei iSQI (www.isqi.org/zertifizierung)

Jobs rund um die Schönheit

Schönes Aussehen ist bekanntlich vor allem für Frauen so zentral,
dass manche daraus einen Beruf machen. Wir wollen uns hier auf
das schnell erlernbare und gerade auch für ältere Wiedereinsteigerinnen passende Berufsbild der Kosmetikerin und Visagistin konzentrieren mit kleinem Ausflug in verwandte Bereiche wie Stylistin oder
Maskenbildnerin.

Kosmetiker/in

Persönlichkeitstyp	grün-gelb + Interesse an Schönheit
Wiedereinstiegstyp	FPT, DZ, U
Ausbildung	spezielle, einjährige Ausbildung
Zentrale Kompetenzen	Wissen und die Fähigkeit, dieses zu vermitteln
Familienvereinbarkeit	***
Jobchancen	**
Verdienst	**

Ein attraktives Äußeres wird den Menschen immer wichtiger,
und sie sind bereit, dafür beträchtliche Summen auszugeben. Von
diesem Trend profitieren Kosmetikerinnen. Qualifizierte Fachkräfte
werden auf dem Arbeitsmarkt umworben, wobei Frauen jenseits der

35 Jahre besonders gute Chancen haben. Ob in einer Arztpraxis, auf einer Schönheitsfarm oder auf dem Kreuzfahrtschiff – die Einsatzgebiete einer Kosmetikerin sind vielfältig und nicht auf Deutschland begrenzt. Die Bezahlung ist allerdings vor allem in deutschen Landen unterdurchschnittlich. Das sollten Sie vorher unbedingt wissen – und sich im Zweifel lieber mit einem Studio selbstständig machen als für wenige Euro angestellt zu arbeiten.

Wer zur Kosmetikerin geht, möchte nicht nur seine Haut, sondern auch seine Seele pflegen lassen. Der Gang ins Kosmetikstudio hat für die Kunden oft eine fast therapeutische Funktion. Deshalb muss eine gute Kosmetikerin mehr als ihr Handwerk beherrschen. Sie sollte auch Freundlichkeit und positive Energie ausstrahlen. Ältere Kosmetikerinnen sind in der Branche gern gesehen. „Kosmetikerinnen mit 40 Jahren haben mindestens genau so gute Chancen wie sehr junge Frauen, wenn nicht so gar bessere Berufsaussichten", weiß Bernard Sterz, Geschäftsführer des Bundesberufsverbandes der Fachkosmetiker. Das Mitteilungsbedürfnis vieler Kunden ist groß, und die Kosmetikerin sollte kommunikationsstark sein. Reifere Frauen bringen Lebenserfahrung mit, sie haben meistens selbst Familie und Kinder und somit gibt es viele Anknüpfungspunkte für ein Gespräch mit den Kunden.

Fazit: Hervorragende Aussichten und leider sehr schlechte Bezahlung. Wichtige Voraussetzung für ein erfolgreiches Berufsleben ist eine solide und qualifizierte Ausbildung. Ein einmonatiger Kosmetikkurs reicht definitiv nicht aus, um professionell zu arbeiten. Angestellte Kosmetikerinnen arbeiten in Kosmetik- oder Wellnessstudios, bei Dermatologen, im Handel oder Verkauf. Oder sie gehen nach der Ausbildung in die Selbstständigkeit und eröffnen ein eigenes Kosmetikstudio. Mit der Selbstständigkeit steigt auch die Höhe des Einkommens; reich wird frau aber auch hier nicht. Chancen für Kosmetikerinnen liegen insbesondere in der Spezialisierung – zum Beispiel bei der Camouflage-Kosmetik oder der professionellen Ganzkörperenthaarung. Für viele ist der Beruf der Kosmetikerin der Einstieg zur

Visagistin oder Stylistin – Berufe, in denen sehr viel bessere Honorare gezahlt werden.

Gut ausgebildete Kosmetikerinnen haben überhaupt keine Probleme, einen Job zu finden. Mit der angemessenen Bezahlung sieht es anders aus: So sind Stundensätze von 3,50 Euro keine Seltenheit. Viele Besitzer von Kosmetikstudios zahlen von vornherein Stundensätze unter fünf Euro. Die Angestellte könne dann ja zum Jobcenter/zur ARGE gehen, um sich das Gehalt bis zum Mindestlohn aufstocken zu lassen, ist eine gängige Meinung. Oder sie hat einen Partner, der das ausgleicht.

Tätigkeitsfelder

Wer glaubt, dass Kosmetikerinnen hauptsächlich schminken, liegt falsch. Im Vordergrund stehen die Pflege und die Gesunderhaltung der Haut. Kosmetikerinnen führen Pflegebehandlungen durch, sie behandeln bei Hautproblemen und machen Wellnesspflege. Außerdem übernehmen die Kosmetikerinnen zunehmend medizinische Behandlungen. Viele Kassenleistungen bei Dermatologen sind weggefallen und werden jetzt von Kosmetikerinnen übernommen, müssen dann allerdings privat gezahlt werden. Neurodermitis- oder Aknebehandlungen werden zum Teil als Kassenleistung von Kosmetikerinnen durchgeführt.

Wo arbeiten selbstständige Kosmetikerinnen?
- Im eigenen Kosmetikstudio, in einer Parfümerie, Schönheitsfarm, Kureinrichtung.
- Viele schließen sich auch Hotels an, meist mit einem zusätzlichen Wellnessprogramm.

Wo arbeiten angestellte Kosmetikerinnen?
- Dermatologische Praxis, Hautklinik;
- Kosmetikpraxis, Parfümerie, Schönheitsfarm;
- Sanatorium, Drogerie, Reformhaus;

- Chefkosmetikerin in Unternehmen, Repräsentantin für ein Kosmetiklabel;
- Frauen- und Fachzeitschriften;
- Kosmetik- und Wellnessbereich auf Kreuzfahrtschiffen.

Für Kosmetikerinnen mit Fernweh

Wer große Kinder hat, vielleicht getrennt lebt und alle Brücken hinter sich abbrechen möchte, kann als Kosmetikerin nach Übersee gehen. Nach einer professionellen Ausbildung, zum Beispiel an einer CIDESCO-Schule entscheiden sich nicht wenige Kosmetikerinnen für einen besser bezahlten Job im Ausland. Andere Kosmetikerinnen jobben saisonweise in einem Ferienclub. Oder sie gehen auf ein Kreuzfahrtschiff. Die Nachfrage auf den Schiffen ist größer als das Angebot, und fähige Kosmetikerinnen mit Englischkenntnissen werden mit Handkuss genommen. Da Kost und Logis aber vom Gehalt abgezogen werden, ist der Job auf See vor allem für Reiselustige attraktiv.

Infos
- Bundesverband für Fachkosmetiker, in der Rubrik „Arbeiten auf See" (www.bfd-ev.com)

Ausbildung

Die Ausbildung sollte mindestens 1200 Stunden umfassen, das entspricht etwa einem Unterrichtsjahr. Eine Ausbildung an einer privaten Schule ist der dualen Ausbildung in einem Studio vorzuziehen, da die Ausbildung an den Privatschulen in Händen mehrerer gut ausgebildeter Lehrkräfte liegt und den aktuellen Standards entspricht. Bei der dualen Ausbildung besuchen die angehenden Kosmetikerinnen zweimal pro Woche eine Berufsschule und lernen ansonsten in der Praxis unter Umständen bei Ausbildern, die selbst unzureichend ausgebildet sind. Private Kosmetikfachschulen gibt es bundesweit. Die Kosten für eine Ausbildung mit 1200 Stunden betragen in etwa 5.000 bis

7.000 Euro. Die Bundesagentur übernimmt evtl. die Förderung mit einem Bildungsgutschein. In vielen Städten werden Ausbildungen zur Kosmetikerin als Umschulung oder Qualifizierung von der Agentur für Arbeit oder ARGE angeboten.

Infos
- Bundesverband für Fachkosmetiker (www.bfd-ev.com)

Visagist/in, Stylist/in und Make-up-Artist

Persönlichkeitstyp	grün-rot + Interesse an Schönheit
Wiedereinstiegstyp	FPT, DZ, U, KF/KM
Ausbildung	Ausbildung und Weiterbildung, z. B. Friseur
Zentrale Kompetenzen	Wissen und die Fähigkeit, dieses zu vermitteln
Familienvereinbarkeit	*
Jobchancen	**
Verdienst	*

Sie lieben Glanz und Glamour? In der Werbe- und Filmwelt arbeiten oft Kosmetiker mit Zusatzausbildungen, wobei auch ein Umstieg aus anderen Berufen möglich ist. Beste Chancen haben Umsteiger, die eine Ausbildung als Friseur haben. Anders als Kosmetiker (und -innen) sind Visagisten und Stylisten meist jünger und nicht selten flippig und „stylish". Visagistin ist eine solche Zusatzausbildung, wobei der Begriff nicht geschützt und von jedem verwendet werden kann. Eine Visagistin schminkt Menschen, als Stylist ist sie auch für das Outfit zuständig. Auch Stylist ist keine geschützte Bezeichnung – die Übergänge zum Visagisten sind fließend. Jeder kann sich also letztendlich so nennen, jedoch haben viele eine Friseur- oder Visagistenausbildung. Der beste Weg, erfolgreich zu werden: bei einem bekannten Visagisten oder Stylisten assistieren. Außerdem braucht es Talent, gerade beim Stylisten ein sicheres Modegespür. Es gibt auch Ausbildungen, die von wenigen (Tages-)Seminaren bis hin zu einem vollen Jahr dauern. Der Job liegt damit relativ nahe beim Make-up-Artist, der eine Art „Visagist plus" ist und so gut wie immer selbstständig arbeitet. Achten Sie bei der Auswahl von Schulen und Ausbildern darauf, dass bekannte Dozenten unterrichten und die Akademie gut verdrahtet ist mit der Werbe- und Filmbranche (z. B. www.visagistenschule.de). Die Kosten solcher Ausbildungen liegen meist bei rund 7.000 Euro für ein Jahr.

Maskenbildner/in

Persönlichkeitstyp	grün-gelb + Interesse an Kultur/Kunst
Wiedereinstiegstyp	KF/KM, U
Ausbildung	Studium, in Ausnahmefällen Ausbildung
Zentrale Kompetenzen	Wissen und die Fähigkeit, dieses zu vermitteln
Familienvereinbarkeit	*
Jobchancen	**
Verdienst	**

Einen ganz anderen Fokus hat der Maskenbildner: Hier steht die Kunst im Vordergrund. Es geht nicht um Schönheit, sondern darum, Gesichter und Körper umzumodeln, auch gruselig und Jahre älter. In Theatern steht die Arbeit mit Haaren und Haarteilen im Vordergrund, weshalb viele ehemalige Friseure auf diesen Beruf umsatteln. Es handelt sich um eine ganz normale Ausbildung über drei Jahre mit anschließender IHK-Prüfung. Zudem gibt es private Schulen sowie einen Fachhochschulstudiengang. Ausbildungsstellen an Theatern sind sehr rar und begehrt, bei den schulischen Angeboten ist die Qualität unterschiedlich.

Allerdings ist der Job nichts für Mütter und Väter, die an einen Ort gebunden sind. Maskenbildner arbeiten ab und zu angestellt in Theatern oder beim Fernsehen, aber öfter auch freiberuflich auf Projektbasis. Und das bedeutet immer: Reisen gehört dazu. Hinzu kommt, dass die Arbeitszeiten mit einem normalen Familienleben wenig kompatibel sind. Andererseits lassen sich natürlich auch Aufträge ablehnen, wenn es einmal zeitlich nicht passt.

Infos
- Bundesvereinigung Maskenbild (www.bvmev.org)
- Maskenbildnerschule (www.maskenbildnerschule.com)

Stil- und Farbberater/in

Persönlichkeitstyp	grün-rot + Interesse an Schönheit
Wiedereinstiegstyp	FPT, DZ, U, KF/KM
Ausbildung	Ausbildung
Zentrale Kompetenzen	Wissen und die Fähigkeit, dieses zu vermitteln
Familienvereinbarkeit	***
Jobchancen	*
Verdienst	**

Auch Farb- und Stilberater, teilweise auch Imageberater genannt, haben keinen vorgegebenen und geregelten Ausbildungsweg. Manche waren früher Verkäufer, Ladenbesitzer oder eben wiederum Friseur. Die Ausbildungen sind eher Schulungen in einzelnen Bereichen. Sogar ein Fernstudium gibt es – wobei hier natürlich der so wichtige persönliche Faktor fehlt.
Die meisten Stil- und Farbberater arbeiten selbstständig, wobei die Kundengewinnung vor allem dann einfach ist, wenn bereits viele Kon-

takte bestehen. Wichtig für Selbstständige ist, dass sie ihre Geschäfts-idee so aufbauen, dass Kunden zu Stammkunden werden. Dies ist schwer, wenn man nur den Farbtyp – Frühling, Sommer, Herbst und Winter – ermittelt. Vielmehr gilt es, ein Geschäftsmodell zu entwickeln, dass Ihnen wiederkehrende Kundschaft beschert. Oft helfen auch Kooperationsmodelle: Sie tun sich mit anderen Schönheitsexperten und/oder Business-Knigge-Fachleuten zusammen und bilden ein Netzwerk, das zum Beispiel auch gemeinsame Räumlichkeiten anmietet. Branchenkontakte, etwa in die Gastronomie, helfen, um Kunden im Businessumfeld zu finden, die meist besser zahlen als Privatleute.

Infos
- Akademie für Farb-, Stil- und ImageberaterInnen (www.imageberater-akademie.de)
- Color me perfect (www.beautifulimage.de)
- Akademie für Fernstudien (www.akademie-fuer-fernstudien.de)

Jobs für Kommunikative

Reden und Geld verdienen – das geht vor allem im Vertrieb, in der Kundenberatung sowie im Callcenter. Diese Jobs sind meist sehr offen für Quereinsteiger, denn alles, was vielfach zählt, ist die Fähigkeit zu verkaufen oder Menschen kompetent zu beraten, damit sie etwas kaufen. Diese Fähigkeit lässt sich antrainieren, und sie wächst normalerweise mit dem Alter. Dies ist der Grund, weshalb viele Unternehmen im Vertrieb Ältere bevorzugen. Wir konzentrieren uns in diesem Kapitel auf den Bereich Callcenter, weil es der größte, am stärksten wachsende und für Quereinsteiger passende Bereich ist. Weiter erhalten Sie Infos zu Außendiensttätigkeiten und dem Berufsbild des Key Account Managers.

Außendienstmitarbeiter/in

Persönlichkeitstyp	grün-rot + Spaß daran, allein zu arbeiten (ohne Team)
Wiedereinstiegstyp	U, KF/KM
Ausbildung	Studium, in Ausnahmefällen Ausbildung
Zentrale Kompetenzen	Wissen und die Fähigkeit, dieses zu vermitteln
Familienvereinbarkeit	**
Jobchancen	**
Verdienst	***

„Uns ist eine Frau über 45 nach der Kindererziehungsphase lieber als ein junger Hüpfer", so der Leiter des Vertriebsteams eines Versicherungsunternehmens. Selbst Frauen, deren Computerkenntnisse sehr rudimentär sind, haben hier Chancen. Denn in Versicherungsunternehmen gibt es meist zwei typische Einsatzfelder im sogenannten Außendienst: Einer akquiriert Termine, der andere verkauft Produkte. Für den ersten Job sind außer einem sonnigen Gemüt und Offenheit wenige Kenntnisse nötig, für den zweiten braucht es Fachwissen über Versicherungsprodukte. Der Finanzdienstleistungssektor ist riesig und sucht ständig Mitarbeiter. Eine kaufmännische Ausbildung, zum Beispiel zum Versicherungskaufmann, schadet beim Einstieg nicht, im Zweifel geht es aber auch ohne.

Doch nicht nur Versicherungen müssen verkauft werden: Außendienstjobs gibt es in nahezu allen Bereichen vom Weinhandel bis zum Maschinenbau. Je einfacher die Produkte, desto geringer sind die Erwartungen an Fachkenntnisse. Allerdings gilt auch: Je mehr Fachkenntnisse, desto besser bezahlt sind die Jobs.

Üblich ist es, dass der Außendienstmitarbeiter ein monatliches Fixum erhält, meist sind das rund 1.000 Euro. Wenn er oder sie gut verkauft, kann er zwei bis vier Mal so viel verdienen, und muss dafür oft nicht mal acht Stunden arbeiten.

Saskia ist Betriebswirtin, zehn Jahre aus dem Job ausgestiegen, hat zwei Kinder großgezogen. Ihre Computerkenntnisse waren völlig veraltet, von Buchhaltung hatte sie keinen Schimmer und für einen Bürojob hielt sie sich nicht geeignet. Das Angebot des großen Versicherungsunternehmens kam ihr da recht. 1.000 Euro fix und bis zu drei Mal so viel, wenn sie viele Termine machte. Für ihr Geld besucht sie Rechtsanwalts- und Steuerbera-tungskanzleien, weckt Interesse an neuen Produkten und vereinbart Termine, die dann ein fachkompetenter Kollege wahrnimmt. Teilweise arbeitet sie nur drei Tage die Woche, manchmal geht sie nach zwei Stunden nach Hause. Solange die Zahlen stimmen, ist das alles okay.

Vielfach betreuen Außendienstmitarbeiter ein regionales Gebiet und sind viel unterwegs. Das verlangt die Fähigkeit, auch länger mal allein sein zu können und gern Auto zu fahren. So ist der PKW in manchen Jobs ein „Muss".

Callcenteragent

Persönlichkeitstyp	grün-rot + Spaß am Reden
Wiedereinstiegstyp	U, DZ, KF/KM, FPT
Ausbildung	Nicht unbedingt notwendig
Zentrale Kompetenzen	Reden können!
Familienvereinbarkeit	***
Jobchancen	***
Verdienst	*

Callcenter sind aus dem täglichen Leben nicht mehr wegzudenken. Täglich sprechen 20 Millionen Menschen mit Mitarbeitern in Callcentern. Wir wenden uns an solche Dienstleister, um Reisen zu buchen, Geld zu überweisen, uns bei einer Hotline beraten zu lassen oder um Liefertermine zu vereinbaren. Die Callcenterbranche unterscheidet klar zwischen zwei Aufgabenbereichen:

- Im Inbound-Callcenter nehmen Sie den Anruf des Kunden entgegen – zum Beispiel Bestellungen, Störungen, Beschwerden – oder Sie leiten Telefonate weiter. Es handelt sich um den traditionellen Kundendienst. Teilweise müssen Sie auch die von den Kunden gesandten E-Mails beantworten.
- Im Outbound-Callcenter rufen Sie potenzielle Kunden und Bestandskunden an im Rahmen von Telefonmarketingaktionen, um statistische Daten oder Bedarf zu ermitteln. Oder Sie erfragen telefonisch die Kundenzufriedenheit. Direkte Verkaufsanrufe sind seit Anfang 2009 verboten.

Callcenter haben kein besonders gutes Image – obwohl mittlerweile 450 000 Menschen in dieser Branche tätig sind – mehr Menschen also, als in der Autoindustrie arbeiten. Unter ihnen sind sehr viele Frauen mit Kindern, denen die flexible Zeiteinteilung und die Teilzeitmöglichkeiten im Callcenter entgegenkommen. So arbeiten manche von ihnen generell nur am Abend, andere kommen morgens ganz früh oder arbeiten zwei Tage pro Woche jeweils acht Stunden.

Leider sind nicht wenige Arbeitsverhältnisse in der Callcenterbranche ausbeuterisch. Die Löhne sind generell nicht sehr hoch, sie liegen bei Einsteigern um die 7,50 bis 8 Euro die Stunde. Doch bei Lichte betrachtet ist das im Niedriglohnland Deutschland (das ist es im Vergleich zu Nachbarländern!) gar nicht so wenig. Andere Berufe sind zum Teil viel schlechter bezahlt und Callcenteragenten mit Spezialkenntnissen verdienen erheblich mehr.

Das Arbeitsklima, klagen viele Mitarbeiter, lässt in den Callcentern tatsächlich oft zu wünschen übrig. Callcenteragenten stehen zum Teil unter hohem Arbeitsdruck: 40 bis 50 Anrufe in der Stunde sind im Bereich Datenaufnahme keine Seltenheit. Zwischen den Anrufen liegen oft nur wenige Sekunden – keine Zeit, um sich die Nase zu putzen oder einen Schluck Kaffee zu trinken. Privatsphäre gibt es wenig. Die meisten arbeiten mit Headset im Großraumbüro an kleinen Schreibtischen eng nebeneinander. Außerdem verbreiten manche Vorgesetzte mit strengen Leistungskontrollen starken Druck. So ist es gängige Praxis, das nach amerikanischem Vorbild nicht nur die Mitarbeiter mit den meisten Abschlüssen öffentlich prämiert werden, sondern auch die umsatzschwächsten namentlich genannt werden. Mit solchen Maßnahmen trägt der Arbeitgeber natürlich nicht zu einem guten Arbeitsklima bei. „Leider gibt es schwarze Schafe in der Branche, und die sind nicht seriös, aber dafür penetrant und laut", sagt Dr. Simon Juraschek, Vorstandmitglied des Deutschen Dialogmarketing Verbandes.

Aufgrund der massiven Kritik in den Medien ist die Callcenterbranche seit einigen Jahren sehr bemüht, das Schmuddelimage loszuwerden. Es gibt in der Branche zwar immer noch keine Tarifverträge, doch seriöse Dienstleister bieten den Mitarbeitern mittlerweile oft recht gute Arbeitsbedingungen. Wenn Sie in die Callcenterbranche einsteigen wollen, ist auf jeden Fall eher das Inbound-Geschäft – also die Annahme von Kundenanrufen – zu empfehlen.

Lea arbeitet seit Jahren in einem renommierten Callcenter. Sie nimmt Beschwerden von Kunden auf und nimmt Aufträge an. Nach der Elternzeit ist sie in diesen Job hineingestolpert, eine Perspektive sah sie zunächst nicht. Aber bald begann ihr die Arbeit Spaß zu machen: „Ich habe mich persönlich weiterentwickelt, konnte besser zuhören, reagierte nicht mehr so impulsiv und habe enorm an Selbstvertrauen gewonnen", sagt sie. Wenn es Ärger mit Kunden gibt, kann sie ein Mitarbeitergespräch führen. Bei den sogenannten Focus Meetings, die regelmäßig stattfinden, können die Mitarbeiter von Schwierigkeiten im Job erzählen und auch mal ihren Unmut loswerden. Lea ist ausgebildete Bürokauffrau und hat einige Jahre in diesem Beruf gearbeitet. Die Arbeit im Callcenter findet sie aber befriedigender als einen langweiligen Bürojob. Sie hat den ganzen Tag mit Menschen zu tun und bekommt positives Feedback von Vorgesetzten.

Sind Sie ein Callcentertyp?

Ganz wichtig: Sie müssen einfach der richtige Typ fürs Callcenter sein – also Biss haben, cool bleiben, redegewandt sein und nichts persönlich nehmen. Und sehr stressresistent sein! Wenn Sie die Beschimpfungen eines unzufriedenen Kunden nicht loslassen und sie diese mit nach Hause nehmen, dann ist der Job nichts für Sie.

Diese Social Skills sollten Sie mitbringen

- Kommunikationsfähigkeit,
- Freundlichkeit,
- Redegewandtheit,
- Selbstmotivation,
- Fähigkeit, Angriffe nicht persönlich zu nehmen,
- Selbstvertrauen,
- eine gewisse Coolness – bei unfreundlichen oder beleidigenden Bemerkungen ruhig bleiben und keinen Ärger auf den nächsten Kunden übertragen,
- Stressresistenz.

Viele große Unternehmen speziell in der Telekommunikation und im Bank- und Finanzbereich verfügen über hauseigene Callcenter. Diese zahlen in den meisten Fällen etwas besser als die Callcenterdienstleister, und hier gibt es auch Tarifverträge. Wer etwas Abwechslung sucht, ist dagegen bei einem Dienstleister besser aufgehoben. Dort telefonieren die Mitarbeiter für unterschiedliche Unternehmen.

Spezialisten gefragt

Bei einer reinen Bestellhotline sind keine besonderen Kenntnisse erforderlich. Wer dagegen Spanisch, Englisch oder Russisch mit den Kunden spricht, verdient natürlich mehr. Besonders gern genommen werden übrigens Muttersprachler.

Eine Technikhotline bei einem Telefondienstleister oder Internet-anbieter muss den Callcentermitarbeiter entsprechend entlohnen – ansonsten wird sie ihn schnell wieder los. „Nicht nur um Kunden, auch um Mitarbeiter ist in der Callcenterbranche ein Kampf entbrannt. Der „War of Talents" ist in der Callcenterbranche definitiv ausgebro-chen", sagt Dr. Juraschek.

Gesucht werden zum Beispiel Angestellte mit kaufmännischem Hin-tergrund oder mit Bank- und Finanzwissen. Im medizinischen Bereich steigt ebenfalls der Bedarf an Callcentereinsätzen. So werden Diabetiker jetzt teilweise per Telefon von Krankenschwestern, phar-mazeutisch-technischen Assistentinnen oder Arzthelferinnen betreut. In hoch spezialisierten Callcentern für Medizin oder für die Telekom-munikation wird hoch qualifiziertes Personal eingesetzt, also Ärzte, Krankenschwestern oder Ingenieure.

Qualifizierung

Die Callcenterbranche ist noch jung, und erst seit drei Jahren gibt es eine zertifizierte IHK-Ausbildung im Bereich Dialogmarketing. Wenn Sie sich einen Wiedereinstieg in der Callcenterbranche vorstellen kön-nen, werden Sie sicher kaum eine duale Ausbildung absolvieren wol-len. Das ist auch nicht nötig. Dr. Juraschek vom DDV empfiehlt sogar den direkten Einstieg ohne weitere Qualifizierung. Denn die Callcen-terdienstleister oder Unternehmen bilden meistens selber aus und neue Mitarbeiter werden in Fachseminaren und Social-Skill-Schulungen auf den Job vorbereitet und weitergebildet. Auf der anderen Seite kann eine Einstiegsqualifizierung über die Agentur für Arbeit mit Bildungsgut-schein erste Kenntnisse vermitteln. Das gibt Selbstvertrauen für eine Bewerbung in dieser Branche. Die Agentur für Arbeit und die ARGE bieten in vielen Regionen Weiterbildungen im Dialogmarketing an.

Info

■ Call-Center-Experts (www.call-center-experts.de)

Vorsicht unseriös!

Warnung: Wenn Sie angeheuert werden zum Loseverticken oder für die Kaltakquise, lehnen Sie ab, denn seit 2009 dürfen Produkte nur mit ausdrücklichem Einverständnis am Telefon verkauft werden. Ein Zeichen für ein unseriöses Unternehmen also – Finger weg.

Einige Firmen arbeiten auch mit dem Trick, dem Neuen eine Anstellung erst nach einem nicht bezahlten Probemonat in Aussicht zu stellen. Das widerspricht den Arbeitsgesetzen und ist ausbeuterisch, egal ob der Arbeitgeber Sie nach einem Monat einstellt oder nicht. Auf der Webseite des Deutschen Dialogmarketing Verbandes können Sie sich über seriöse Callcenterdienstleister informieren.

Info: Aufstieg möglich

Gute Callcenteragenten oder Kundenberater können Teamleiter werden. Mit etwas Erfahrung gibt es auch die Möglichkeit, als Trainer im Callcenter Karriere zu machen. Der Job ist also durchaus auch etwas für Karriereorientierte!

Bezahlung

Neueinsteiger und nicht besonders qualifizierte Kräfte erhalten bei Beginn einen Lohn ab etwa 7,50 Euro – darunter sollte man keinen Job annehmen. Das Einstiegsmonatsgehalt eines Callcenteragenten in Vollzeit liegt im Schnitt bei 1.500 Euro. Parallel zum Aufstieg kann das Einkommen auf bis zu 3.000 Euro steigen, Spezialisten können sogar mehr bekommen. Viele Unternehmen zahlen eine Provision zum Grundgehalt. Die Prämie wird nicht nur bei erfolgtem Verkaufsabschluss gezahlt, sondern auch zum Beispiel, wenn die Kundenzufriedenheit groß ist, oder der Callcentermitarbeiter besondere Flexibilität bei seinen Dienstzeiten zeigt.

Jobsuche

Stellenangebote finden Sie in den gängigen Jobportalen. Es gibt auf der Webseite des Deutschen Dialogmarketing Verbandes spezielle Listen mit den größten Callcenterdienstleistern in Deutschland. Auch eine Initiativbewerbung per Anruf (hier ja gleich die Arbeitsprobe) kann zum neuen Job führen.

Info

- Deutscher Dialogmarketing Verband (www.ddv.de)

Finanzberater/in

Persönlichkeitstyp	grün-rot + Interesse an Finanzprodukten
Wiedereinstiegstyp	DZ, U, KF/KM
Ausbildung	Ausbildung oder Studium, idealerweise aus dem Finanzbereich, das ist aber kein Muss
Zentrale Kompetenzen	Verkaufstalent
Familienvereinbarkeit	***
Jobchancen	***
Verdienst	***

Sie arbeiten gern unabhängig und bei freier Zeiteinteilung? Keine Lust auf Stress und Trubel im Büro? Finanzberater sind relativ frei in der Zeiteinteilung, arbeiten überwiegend zu Hause und ab und zu im Office der Organisation, für die sie tätig sind; auch deshalb entscheiden sich viele Frauen und Männer für diesen Beruf. Hilfreich für den Einstieg ist eine kaufmännische oder betriebswirtschaftliche Ausbildung und natürlich ein Interesse an Finanzthemen. Meist bilden die Unternehmen Sie kostenlos in einer Intensivausbildung aus, bevor Sie auf eigene Kunden „losgelassen" werden.

Gaby hat schon während des Studiums mit der Finanzberatung die Kasse aufgebessert. Als ihre Tochter auf die Welt kam, war die Tätigkeit ideal: Die Einnahmen flossen weiter und sie konnte die Kundentermine frei einteilen. Allerdings verlangt der Job viel Eigenmotivation. Man muss es auch aushalten können, wenn Kunden mal genervt sind. „Dafür ist es wichtig, von den eigenen Produkten überzeugt zu sein", so Gaby.

Infos
- AWD (www.awd.de)
- MLP (www.mlp.de)
- Truscon (www.truscon.de)

Key Account Manager

Persönlichkeitstyp	grün-rot
Wiedereinstiegstyp	KF/KM
Ausbildung	meist beliebiges Studium
Zentrale Kompetenzen	Verkaufstalent, gute Umgangsformen
Familienvereinbarkeit	*
Jobchancen	**
Verdienst	***

Hoch qualifizierte Kräfte können für sogenannte Schlüsselkunden tätig werden, die Key Accounts. Ihre Kunden sind Firmeninhaber oder Abteilungsleiter von mittelständischen und großen Unternehmen. Oft ist ein Hauptteil des Jobs die Beziehungspflege, zu der auch mal ein gutes Essen gehören kann.

Key Account Manager müssen schon echte Vertriebsprofis sein und brauchen in der Regel ein Studium, z. B. der Betriebswirtschaft, sowie theoretisches Wissen über Märkte. In Weiterbildungen werden die „KAMs", so die Abkürzung, speziell geschult.

Allerdings: Diese Spitzenkräfte im Vertrieb haben einen echten Karriere-job. Teilzeittätigkeiten und Flexibilität wie im Außendienst gibt es kaum.

Infos
- Deutsche Verkaufsleiter Schule (www.verkaufsleiterschule.de)
- Key Account Management Akademie (www.kam-hh.de)

Support

Persönlichkeitstyp	grün-rot
Wiedereinstiegstyp	KF/KM
Ausbildung	meist beliebiges Studium oder IT-Ausbildung
Zentrale Kompetenzen	Redetalent, Wissen
Familienvereinbarkeit	*
Jobchancen	***
Verdienst	**

Supporter arbeiten ähnlich wie Callcenteragenten, und manchmal sind die Grenzen auch fließend. Alle beantworten Anfragen, die Suppor-ter mitunter auch solche aus dem eigenen Unternehmen. Oft geht es dabei um technische Fragen. Wie funktioniert …? Was muss ich tun, um …? Auch Supporter arbeiten in der Regel am Telefon. Hier sind wiederum die Grenzen zum Kundenservice fließend, der auch vor Ort zum Kunden geht und dort (beispielsweise) Fehler behebt.

Solche Jobs gibt es in nahezu jeder Branche mit komplexen Produkten oder Dienstleistungen, in Dentallabors genauso wie bei Softwareun-ternehmen. Im IT-Bereich arbeiten Supporter am sogenannten Help-desk. Dabei gibt es verschiedene Stufen: den First, Second und Third Level Support. Der First Level Support kümmert sich um einfache, häufige Anfragen, der Second Level übernimmt komplexere Anfra-gen. Third-Level-Mitarbeiter sind Spezialisten. Supporter arbeiten via

E-Mail, Live Support System, Telefon, Fernwartung oder mit anderen Kommunikationsmitteln.

Je technischer die Jobs sind, desto sinnvoller eine IT-spezifische Ausbildung. Im First Level Support geht es aber teilweise auch ohne, sodass dieser Bereich für Quereinsteiger mit technischem Verständnis attraktiv sein kann. Ausbildungen gibt es nicht, nur Trainings on the Job, die Kommunikationskniffe und Produktkenntnisse vermitteln.

Jobs speziell für ältere Wiedereinsteiger

Auch in einem schwierigen Arbeitsmarkt gibt es Berufe und Tätigkeiten, in denen Ältere gefragt sind. Dies ist etwa bei Versicherungen oder in der Beratung der Fall. Einige suchen ganz bewusst Frauen über 40 und 50 – weil hier die Kinderphase abgeschlossen und oft genügend Lust auf etwas Neues vorhanden ist. Daneben gibt es Unternehmen, die sich entgegen dem Trend Jugendkultur verhalten. Zugegeben, gerade in Deutschland herrscht eine fatale Tendenz, die Jugend zu bevorzugen (die etwa die Amerikaner so nicht kennen), aber es bleiben Arbeitsbereiche und Unternehmen, die keine verantwortungsvollen Aufgaben an 20-Jährige übertragen wollen. Beispiele sind Handelsunternehmen, Versicherungsfirmen, kleine produzierende Betriebe oder auch die Finanzbranche. Generell ist es leichter für ältere Frauen und Männer Jobs zu finden, wenn sie ihre Stärken in der Beratung und der Kommunikation haben. Jobs im Vertrieb etwa sind tendenziell „älter". Schwerer wird es immer bei Tätigkeiten, die ein „Junger" für weniger Geld genauso gut machen könnte.

Jobs für Spätberufene gibt es also. Einige, etwa den Altenpfleger, haben wir bereits vorgestellt. In diesem Kapitel möchten wir Ihnen einige vernünftig bezahlte und nachgefragte Tätigkeiten für ältere Wiedereinsteiger vorstellen: vom Bestatter über den Immobilienprofi bis zum Stenografen.

Bestatter

Persönlichkeitstyp	grün-blau
Wiedereinstiegstyp	U
Ausbildung	nicht unbedingt notwendig
Zentrale Kompetenzen	Menschlichkeit, Kommunikationsvermögen
Familienvereinbarkeit	*
Jobchancen	***
Verdienst	***

Je reifer, desto besser! Das gilt nicht nur für gute Weine, sondern auch für Bestatter. Menschen ab 35 bis 40 Jahren haben sehr gute Chancen im Bestattungsgewerbe. Spätberufene mit Berufsausbildung, Lebenserfahrung und sozialer Kompetenz punkten vor ganz jungen Bestattungsfachkräften. Einfühlsamkeit und soziale Kompetenz sind eine Voraussetzung für den Beruf, der bis zu 80 Prozent aus dem Kontakt zu Angehörigen besteht. Natürlich muss der Bestatter auch die Leiche waschen und herrichten, im Vordergrund steht aber immer die Begleitung der Angehörigen. „Bestatter ist kein Beruf, sondern eine Berufung, für die man Herzblut braucht", sagt Hans-Joachim Möller vom Verband unabhängiger Bestatter.

In der Bestattungsbranche gibt es fast ausschließlich Familienunternehmen. Bei diesen Kleinbetrieben übernimmt das Kind, meist der Sohn, den Betrieb vom Vater und übergibt ihn später meist weiter an seine Kinder. Seit der Beruf der Bestatter im Jahr 2003 als Ausbildungsberuf anerkannt wurde, steigt die Zahl der Auszubildenden von Jahr zu Jahr. Bestatter sollen ein bisschen älter sein", sagt Hans-Joachim Möller. Gestandene Menschen ab 35 Jahren sind in der Branche der Bestatter gern gesehen. „Ältere Menschen sind gereifter, sie haben schwierige Lebenssituationen bereits gemeistert. Vielleicht waren sie selbst schon mit Sterben und dem Tod von Angehörigen konfrontiert", so Möller.

Als Erika nach acht Jahren Elternzeit den Wiedereinstieg plante, erkrankte ihre Mutter schwer. Also pflegte die gelernte Kauffrau ihre Mutter zwei Jahre bis zu deren Tod. „Bei den Gesprächen mit dem Bestatter habe ich mein eigenes Interesse an diesem Beruf entdeckt", sagt Erika. Sie absolvierte ein Praktikum bei einem kleinen Bestattungsunternehmen. Es fiel ihr leicht, mit den Angehörigen zu sprechen und sie zu trösten. Die rechnerischen Aspekte der Tätigkeit bewältigte sie ohne Mühe. Mit einem hervorragenden Praktikumszeugnis bewarb sie sich bei verschiedenen Bestattungsunternehmen und erhielt in einem Nachbarort eine Stelle. „Ich bin stolz auf mich, dass ich den Mut hatte, noch mal neu anzufangen."

Gern werden Berufseinsteiger aus Pflegeberufen genommen, da sie als sozial kompetent gelten und im Umgang mit Krankheit und Tod erfahren sind. Gefragt sind auch Quereinsteiger mit kaufmännischer Ausbildung, denn bei Bestattern ist wirtschaftliches Denken vonnöten. Auch der Bestatterverband empfiehlt zunächst ein Praktikum. Meistens bemerkt man schon nach vier Wochen, ob man sich für diesen Beruf begeistert. Neueinsteiger müssen nicht unbedingt eine dreijährige Bestatterausbildung absolvieren. Sie können an einer Weiterbildung teilnehmen, die zum Teil berufsbegleitend angeboten wird und ggf. über einen Bildungsgutschein finanziert werden kann.

Leider wird den vielen jungen Menschen, die eine Bestatterlehre absolvieren, kaum vermittelt, dass sie nach dem Abschluss schlechte Chancen haben. Bestattungsunternehmen stellen ungern junge Bestatter ein, viele der Gesellen landen in der Arbeitslosigkeit oder versuchen sich glücklos als Selbstständige. Eine einfache Gewerbeanmeldung reicht zwar aus, um ein Bestattungsunternehmen zu eröffnen. Doch der Markt liegt in den Händen der traditionsreichen Bestattungsunternehmen, die schon über Generationen am Ort tätig sind.

Tätigkeit

Bestatter führen Trauergespräche und sind mit allen organisatorischen Dingen bei Sterbefällen betraut – zum Beispiel der Beerdigung oder Urnenzeremonie und der bürokratischen Abwicklung des Sterbefalles. Auch Kenntnisse über muslimische oder buddhistische Totenzeremonien und der angemessene Umgang mit trauernden Familien aus anderen Religionen werden immer wichtiger. Die Arbeitszeit liegt während der Woche meist zwischen 8 und 17 Uhr. Wochenenddienste gehören dazu – ebenso der Bereitschaftsdienst.

Ausbildung

In Hessen und NRW wird die Ausbildung zur Bestattungsfachkraft als Umschulung angeboten. Ansonsten können sich Spätberufene auch direkt in einem Unternehmen bewerben und sich in Wochenendseminaren zum Beispiel beim Bestatterverein qualifizieren. Die Zuständigkeit für Lehrgänge bzw. weiterführende Seminare liegt bei den jeweiligen Handelskammern. Die berufliche Weiterbildung zum Bestatter ist nach mehrjähriger Berufstätigkeit im Bestattungsgewerbe oder einer abgeschlossenen Berufsausbildung als Bürokaufmann oder handwerklicher Ausbildung zum Beispiel als Tischler mit Berufspraxis möglich.

Gehalt

Ein angestellter Bestatter kann zwischen 28.000 und 35.000 Euro verdienen – Gehälter, die in immer weniger Berufen realistisch sind.

Infos

- Bundesverband Deutscher Bestatter (www.bestatter.de)
- Verband unabhängiger Bestatter (www.bestatterverband.de)

Immobilienprofi

Persönlichkeitstyp	rot-grün im Maklerbereich, gelb-blaue in der Assistenz und Backoffice
Wiedereinstiegstyp	U, DZ, KF/KM
Ausbildung	nicht unbedingt notwendig
Zentrale Kompetenzen	Menschlichkeit, Kommunikationsvermögen
Familienvereinbarkeit	**
Jobchancen	***
Verdienst	**

Die Immobilienbranche ist eine interessante Branche für Wiedereinsteiger mit ein paar Jährchen mehr, viel Biss und einem Blick für Schönes sowie einem Händchen fürs Verkaufen. Wenn Sie eine kaufmännische Ausbildung absolviert haben oder studierter Architekt, Geograf, Betriebswirt oder Wirtschaftswissenschaftler sind, haben Sie besonders gute Perspektiven, in einem der drei Bereiche der Immobilienwirtschaft tätig zu werden. Als Makler können Sie aber auch mit anderen beruflichen Ausbildungen tätig werden.

Bereiche der Immobilienwirtschaft sind:
- Vermittlung/Maklergeschäft,
- Verwaltung/Facility Management,
- Sachverständigentätigkeit.

„Es ist die Branche der spannenden Seiteneinstiege", sagt Prof. Stephan Kippes vom IVD Institut. Die vierzig- oder fünfzigjährige gelernte Kauffrau, die sich für Häuser interessiert, hat durchaus Chancen in der Immobilienbranche. Sie muss sich allerdings gut qualifizieren, zum Beispiel mit berufsbegleitenden Grundlagenseminaren der IVD. Die meisten Maklerbüros bilden ihre Mitarbeiter selbst aus – mit dem Ziel, dass diese das Firmenethos nach einer firmeninternen Ausbildung eins zu eins verkörpern. Gut ausgebildete Immobilienfachleute mit längerer Berufspraxis seien dagegen nicht mehr so stark führbar, glauben manche in der Branche – und setzen deshalb bevorzugt auf Quereinsteiger. Gut für Sie!

„Wer ehrgeizig und vertriebsorientiert ist, kann in die Branche einsteigen", sagt Angelika Westerwelle, Personalrecruiterin bei Engel & Völkers. Der Quereinstieg gilt in der Vermittlung überhaupt nicht als Makel, weil fast alle Maklerprofis einen anderen Beruf gelernt haben. Manche kommen aus dem Notarfach, sind Rechtsanwaltsgehilfen oder waren in der Verkaufsbranche tätig. Auch Menschen aus sozialen Berufen werden gern eingestellt, weil man ihnen viel soziale Kompetenz zutraut.

Verkaufstalent ist gefragt, allerdings geht es beim Immobiliengeschäft nicht um Klein-, sondern um Großprodukte. Makler müssen also auch differenzierte Zusammenhänge erklären können, die sich nicht in einem Satz abhandeln lassen. Deshalb nimmt man gern Versicherungsprofis oder Vertriebsleute aus anderen Branchen.

Letztendlich ist im Maklergewerbe aber nicht die Vorbildung, sondern die Persönlichkeit entscheidend. Eloquent und lernwillig sollten die Neueinsteiger sein und viel Engagement zeigen, sagt Angelika Westerwelle. Manche Damen kämen auf sie zu und suchten so etwas wie eine Freizeitgestaltung, das gehe natürlich nicht. „Makler müssen Umsatz machen wollen und die Unterschrift rechts unten bekommen."

Im Maklergeschäft geht es um die Vermittlung von Wohnungen und um Gewerbeimmobilien. „Wohnen ist etwas Emotionales, es ist nah dran am Menschen", so Westerwelle. Deshalb benötigen Makler für Haus- oder Wohnungsimmobilien viel soziale Kompetenz und Einfühlungsvermögen. Im Gewerbebereich geht es hauptsächlich um Zahlen, Pläne und Sachverhalte. Hier sind eher kühle Rechner gefragt.

Jobs für Teamassistenten und Sachbearbeiter

Die Vermittler werden unterstützt von Teamassistenten. Diese sitzen im Maklerbüro und sind zuständig für die Vorbereitung der Verträge, die Erstellung von Exposés und den Telefondienst. Während es im Vermittlungsbereich nur wenige Teilzeitstellen gibt, können Sie als Teamassistentin hier durchaus eine Teilzeitstelle finden.

Neben Maklerbüros, Banken und Versicherungen gehören vor allem die rund 3 000 Wohnungsunternehmen und Wohnungsverwaltungen zu den Arbeitgebern. Hier gibt es Sachbearbeiterstellen in der Neubauabteilung, bei der Mieteneinnahme und im Verkauf.

Verwaltung/Facility Management

Gut sehen die Perspektiven in der Verwaltung, neudeutsch Facility Management, aus. „Eigentlich gibt es dort ständig Personalknappheit", sagt Klaus Hein vom IVD-Nord. Facility Manager ohne höhere Qualifizierung sind so etwas wie moderne Edel-Hausmeister, die sich um kaputte Fenster, neue Büromöbel und den Außenanstrich kümmern. Voraussetzung ist in diesem Fall eine technische oder kaufmännische Ausbildung. Studierte Facility Manager kümmern sich um die Planung, die Bewirtschaftung und den Abriss von Gebäuden. Facility Manager mit Sprachbegabung, Reisebereitschaft und hoher Qualifizierung werden sehr gern eingestellt und haben gute Karrierechancen.

Wer sich für die Hausverwaltung interessiert, bekommt in diesem Bereich recht leicht einen Teilzeitjob. Die Aufstiegsmöglichkeiten sind aber teilweise eingeschränkt.

Tätigkeit als Sachverständige

Da es immer mehr Erbengemeinschaften und eine nach wie vor hohe Scheidungsquote gibt, wächst der Bedarf an Häusergutachten. Gutachter, die die Qualität von Gebäuden einschätzen und bewerten, sind deshalb zurzeit gut im Geschäft. Hier können Sie als ausgebildeter Architekt oder Bauingenieur gut einsteigen, müssen sich allerdings mit einer speziellen Zusatzausbildung qualifizieren.

Infos

- IVD (www.ivd.net): Bundesverband der Immobilienberater, Makler, Verwalter und Sachverständigen e.V.
- Bundesverband Deutscher Sachverständiger und Fachgutachter e.V. (www.bdsf.de)

Ausbildung/Weiterbildung

Es gibt bislang kaum fest umrissene Ausbildungswege im Immobilienbereich. Der Begriff Immobilienfachwirt ist nicht geschützt und Makler kann jeder werden, der nicht vorbestraft oder verschuldet ist. Seit einiger Zeit entstehen neue Berufsprofile. Neben akademischen Qualifizierungen gibt es auch die Ausbildung zum zertifizierten Immobilienfachwirt. Dazu muss man bei einer zertifizierten Ausbildungsstelle wie IHK, TÜV-Akademie oder dem Europäischen Institut für postgraduale Bildung an der Technischen Universität Dresden (EIPOS) eine Prüfung ablegen.

Angehende Fachkräfte der Immobilienbranche können in Deutschland aus über 50 Immobilienstudiengängen wählen. Die Anzahl der Studienplätze ist allerdings begrenzt, und es gibt viele Bewerber. Darum bietet sich eher eine Weiterbildung bei einem privaten Träger an. Dies kann auch über einen Bildungsgutschein erfolgen.

Der IVD bietet Grundlagenseminare mit 100 Stunden an, die IHK-Kurse dauern 70 Stunden, Weiterbildungen und Einsteigerseminare gibt es auch bei der Europäischen Immobilienakademie und der DIA (Deutsche Immobilien Akademie).

Infos

- Europäische Immobilien Akademie Saarbrücken (www.eia-akademie.de): Akademie des IVD
- Deutsche Immobilien-Akademie an der Universität Freiburg (www.dia-freiburg.de): Studium und Weiterbildung
- Immobilienverband Deutschland (www.ivd.de)

Bezahlung

Das Jahresgehalt schwankt von Bundesland zu Bundesland und liegt zwischen 21.000 Euro in Mecklenburg-Vorpommern und 50.000 Euro in Nordrhein-Westfalen. Nicht zuletzt gibt es viele freiberufliche Kräfte, die ähnlich wie in der Versicherungsbranche üblich einen Teil fix und einen Teil als Provision ausgezahlt bekommen.

Die Gehaltsspannen bei den Facility Managern sind je nach Vorbildung groß. Akademisch ausgebildete Manager verdienen zwischen 38.500 bis 55.000 Euro. Nicht studierte verdienen zwischen 22.000 und 30.000 Euro im Jahr.

Stenograf/in

Persönlichkeitstyp	gelb-blau
Wiedereinstiegstyp	U, KF/KM
Ausbildung	ja, aber keine spezielle, viel Übung
Zentrale Kompetenzen	Stressresistenz
Familienvereinbarkeit	** (falls freiberuflich)
Jobchancen	***
Verdienst	***

Die Sekretärin, die eifrig in den Stenoblock kritzelt, was ihr der Chef diktiert, gibt es nicht mehr. Im Büro wird Stenografie kaum noch benutzt, eine aussterbende Kunst ist sie aber nicht. Denn die professionelle Stenografie hat sich zu einem echten Nischenberuf entwickelt. Wenn Sie Stenoprofi sind und über eine gute Allgemeinbildung verfügen, testen Sie doch einmal aus, ob nicht der Beruf des Stenografierers etwas für sie ist. Gute Stenografen werden händeringend gesucht. Sie protokollieren in Kurzschrift in Parlamenten, bei Vorstandssitzungen und Aktionärsversammlungen. Sowohl freiberufliche als auch angestellte Stenografen verdienen sehr gut.

Tätigkeit

Von Stenografen wird viel verlangt, und dumpfe Protokollanten sind nicht gefragt. Kurzschriftexperten brauchen eine exzellente Allgemeinbildung, denn sie schreiben nicht nur mit, sondern müssen auch die Fehler der Redner korrigieren – zum Beispiel falsche Zitatverweise oder falsche Nennung von Paragrafen. Wenn der Parlamentarier sich verspricht oder einen Grammatikfehler einbaut, wird der Fehler ebenfalls vom Stenografen getilgt.

Stenografen sind gesucht, weil ein handschriftliches Protokoll gegenüber einer Tonaufnahme große Vorteile bietet. So kann der Stenograf alle Bemerkungen direkt den Personen zuordnen, er nimmt außerdem Zwischenrufe auf, die nicht vom Mikrofon aufgenommen werden. Bei den Parlamentssitzungen führen jeweils zwei Stenografen Protokoll. Einer der beiden schreibt nur jeweils fünf Minuten mit, der Revisor eine halbe Stunde.

Stenografen müssen echte Schnellschreibtalente sein und schon als Einsteiger mindestens 250 Silben pro Minute zu Papier bringen. Profis schaffen übrigens bis zu 450 Silben pro Minute. Parlamentsstenografen sind meist hoch qualifizierte Fachleute aus unterschiedlichen Fachrichtungen – unter ihnen viele Juristen, auch Techniker oder Erziehungswissenschaftler. Nicht wenige sind promoviert. Die Berufsstenografen in Landes- und Bundesparlamenten sind meistens verbeamtet.

„Gute Stenografen werden nicht arbeitslos", weiß Hannelore Schindelasch, Präsidentin des Deutschen Stenografenbundes. Wer 220 Silben pro Minute schreiben kann und akademisch ausgebildet ist, kann sich beim Parlament bewerben. Im Fall einer Einstellung wird die anschließende Qualifizierung vom Bund getragen. Die festen Stellen in den Parlamenten sind allerdings zum großen Teil besetzt. Gerade in Stoßzeiten kommen freie Stenografen zum Einsatz.

Voraussetzung

Voraussetzung für eine Tätigkeit im Landes- und Bundesparlament ist ein akademischer Abschluss. In den Parlamenten arbeiten auch freie Stenografen, die nicht zwingend akademisch ausgebildet sein müssen. Allerdings benötigen sie genauso wie die Parlamentsstenografen eine hohe Allgemeinbildung und ein sehr gutes Sprachgefühl.

Ob frei oder angestellt, bei allen Stenografen kommt es vor allem auf die Schreibgeschwindigkeit an. Vielleicht haben Sie während Ihrer Sekretärinnenausbildung noch Kurzschrift gelernt und es auf eine Geschwindigkeit um die 170 Zeichen pro Minute gebracht? Das ist die untere Grenze, um ins professionelle Stenografieren einzusteigen. In diesem Fall könnten Sie sich bei einem regionalen Stenografenverein anmelden. In den Vereinen besteht die Möglichkeit, sich mit Stenokursen weiter zu qualifizieren. Viele Stenografen beteiligen sich an regionalen und nationalen Wettbewerben. Auf diesen Schnellschreibmeisterschaften können angehende Stenografen ihr Talent unter Beweis stellen und auf sich aufmerksam machen. Die Community der Stenografen ist recht überschaubar, man kennt sich und empfiehlt sich weiter, wenn man selbst eine Anfrage nicht bedienen kann. Um die Geschwindigkeit in Stenografie zu erhöhen, braucht man intensives Training. „Es braucht Zeit, bis man ein Tempo von gut 200 Zeichen erreicht, erst danach beginnt das Talent", sagt der ehemalige Parlamentsstenograf Josef Stehling. Außerdem brauchen Stenografen ein sehr gutes Sprachgefühl und eine schnelle Auffassungsgabe. Nervosität ist schädlich, Coolness nützt. Denn zum Teil arbeitet der Stenograf ähnlich wie der Dolmetscher, er muss die bei Politikern beliebten Schachtelsätze zerlegen und den Satzaufbau vorausahnen.

Freie Stenografen

Freie Stenografen sind bei Zeitungen, Rundfunk und Fernsehen beschäftigt. In der Hauptsache kommen ihre Kunden aber aus der freien Wirtschaft. „Im Frühjahr ballen sich die Vorstandssitzungen und Aktionärsversammlungen von großen Konzernen", erzählt Josef Kehrer, der außerdem häufig die Planungstreffen zu großen Bauvorhaben protokolliert. Dieses Jahr hat er sowohl bei einem Termin für das Hafenprojekt Jade-Weser-Port als auch bei einem Meeting zum Münchener Flughafenprojekt stenografiert.

Neue Kunden akquirieren die freien Stenografen über den Berufsverband der Parlaments- und Verhandlungsstenografen. Die Firmen wenden sich an den Verband, wenn sie auf der Suche nach Stenografen sind. „Natürlich komme ich auch über Mund-zu-Mund-Propaganda an neue Aufträge", erzählt Josef Kehrer.

Gehalt

Die Verdienstmöglichkeiten der Stenografen sind sehr gut. Bei festangestellten Parlamentsstenografen liegt das Einstiegsgehalt bei A13, das entspricht dem Regierungsrat. Altersgrenzen gibt es bei den Stenografen kaum, da talentierte Stenografen unabhängig vom Alter gesucht sind. Freie Stenografen arbeiten mit Stundensätzen. Diese können für einen Termin schon 460 Euro bis 480 Euro betragen. Unter diesen Stundensatz fällt allerdings auch die Nachbereitung. Dabei wird die Mitschrift zunächst von der Kurzschrift in Langschrift übertragen. Mithilfe von Tonträgern überprüft der Stenograf sein Protokoll, gleicht es ab und bringt dezent Korrekturen an. „Diese Arbeit kann auch bei Profis durchaus sechs bis acht Stunden in Anspruch nehmen", so Josef Stehling.

Infos

- Stenografenbund (www.stenografenbund.de)
- Parlamentsstenografen (www.parlamentsstenografen.de)

Trauerredner/in

Persönlichkeitstyp	grün-blau
Wiedereinstiegstyp	FPT, U, DZ
Ausbildung	nein
Zentrale Kompetenzen	Menschlichkeit, Rednertalent
Familienvereinbarkeit	*** (falls freiberuflich)
Jobchancen	***
Verdienst	***

Wenn Menschen sterben, die keiner Konfession angehören, möchten die Angehörigen sie würdig zu Grabe tragen. Statt eines Pfarrers beauftragen deshalb viele einen Trauerredner, der bei der Beerdigung eine Ansprache auf den Gestorbenen hält. Viele Menschen sind in den letzten Jahrzehnten aus der evangelischen und katholischen Kirche ausgetreten. Aus diesem Grund ist der Bedarf an – in der Regel freiberuflichen – Trauerrednern über die Jahre stark angestiegen. Traditionell ist der Bedarf an Trauerrednern in den norddeutschen Großstädten und in den neuen Bundesländern am höchsten. In der DDR war der Trauerredner sogar ein Ausbildungsberuf.

Trauerredner müssen sehr gut zuhören können und rhetorisch begabt sein. Schließlich ist es ihre Aufgabe, das Leben und den Tod des Gestorbenen zu würdigen. Die Trauerrede soll den Schmerz der Angehörigen lindern und ihnen helfen, den Kummer zu teilen. „Bei einer Trauerfeier kommen Verwandte, Nachbarn, Freunde zusammen, die sich oft gar nicht kennen. Der Redner muss einen Bogen schlagen, damit sich alle Hinterbliebenen miteinander verbunden fühlen", weiß Hans-Joachim Möller. Einfach sei das nicht. Trauerredner benötigen ein gutes Einfühlungsvermögen, Fachwissen und eine ausgeprägte Kommunikationsfähigkeit. „Sie brauchen Charisma", sagt Hans-Joachim Möller, Vorsitzender des Verbandes unabhängiger Bestatter.

Auf dem Markt tummeln sich bereits viele anerkannte Trauerredner mit Berufserfahrung, doch qualifizierte Trauerredner mit einer gereiften Persönlichkeit haben eine berufliche Zukunft. Hans-Joachim Möller ist übrigens Bestatter und Trauerredner in Personalunion. Auch diese Variante gibt es häufig.

Ausbildung
Eine vorgeschriebene Ausbildung für Trauerredner gibt es nicht. Der Verband der Trauerredner empfiehlt aber eine vorausgegangene Ausbildung im geisteswissenschaftlichen, vielleicht im theologischen und unbedingt im psychologischen oder kulturwissenschaftlichen Bereich. Auf jeden Fall sollte der Anwärter schon in einem Beruf erfolgreich gearbeitet haben und über viel Lebenserfahrung verfügen.

Gehalt
Das Honorar für eine Trauerrede liegt bei etwa 300 bis 500 Euro. Die fest angestellten Trauerredner, die meist bei großen Beerdigungsinstituten arbeiten, verdienen rund 30.000 Euro.

Infos
- Berufsverband der Trauerredner (www.batf.de)

Finger-Weg-Berufe
Wir haben eine Reihe von Berufen bewusst nicht aufgenommen, weil sie sich einfach nicht für Wiedereinsteiger eignen. Der Designer gehört dazu, jedenfalls als Angestellter. Der Markt ist überlaufen, und es herrscht eine Jugendkultur, verbunden mit einer ständigen Gehaltsabwärtsspirale. Für Journalisten gilt Ähnliches: Wer hier hinein möchte, springt in ein Haifischbecken. Wir können nur bei wirklichem Talent und dem Bewusstsein, dass sich nur sehr schwer mit dem Schreiben Geld verdienen lässt, dazu raten. Etwas leichter ist es

im nahen Bereich des PR-Schreibens, zum Beispiel für Kundenzeitschriften. Eine gute Weiterbildung, wenn Sie es nicht lassen können, bietet die Freie Journalistenschule in Berlin im Fernstudium (www.freie-journalistenschule.de).

Auch andere Berufe in der Medienbranche sind mit Vorsicht zu genießen: In der Werbung dürfen Sie nur älter werden, wenn Sie auch als Oldie extrem flippig sind – und vor allem talentiert (wobei das durchschnittliche Talent für über 40-Jährige kaum reicht, sich durchzusetzen).

Auch freie Dozententätigkeiten, beliebt bei Akademikern, empfehlen wir nur bedingt: Kaum 12 Euro wird manchen Dozenten gezahlt, die Themen wie „Deutsch als Fremdsprache" oder auch „Bewerbungstraining" vermitteln. Attraktiver sind da Trainertätigkeiten für Unternehmen, die in der Regel aber langjährige Berufserfahrung, Kontakte, Talent und didaktisch-methodische Kenntnisse voraussetzen.

Finger weg auch von allen Jobs, die viel Geld in wenig Zeit versprechen und von vermeintlichen Boombranchen wie Wellness schwafeln. Wenig halten wir zudem von Ayurveda-Vertrieb oder allen Vertriebsformen, die auf einem Multilevel-Marketingsystem beruhen, bei dem ein Mensch an der Spitze jede Menge Geld abschöpft, das ihm fleißige Arbeitsbienen unten zuschaufeln. Nur ein Bruchteil schafft es je an diese Spitze.

Manche Existenzgründungen bitten wir ebenso gut zu durchdenken. Heilpraktiker ist längst zum Massenberuf für Spätberufene geworden. Chancen haben Sie hier nur mit einer soliden Spezialisierung an einem Standort mit wenig Konkurrenz. Der Weg dorthin ist hart und langwierig: Mit zwei, drei Jahren Ausbildung ist es oft noch lange nicht getan.

Noch unerquicklicher ist eine der typischsten Frauengründungen überhaupt: der eigene Mode-, Buch- oder Accessoire-Laden. All das funktioniert nur mit einer wirklich guten Idee und einer klaren Nische. Zudem unser Tipp: Knallhart durchrechnen lassen von einem

Unternehmensberater, der die Branche kennt. Sonst steht das Modelädchen schnell wieder leer.

Verstehen Sie uns nicht falsch: Wir wollen nicht desillusionieren. Uns ist nur wichtig, klarzumachen, dass die vermeintlichen Traumberufe sich ziemlich schnell als Albtraum entpuppen, wenn Sie hineinstolpern, ohne genau zu wissen, was da auf Sie zukommt. Recherche ist deshalb alles. Im Zweifel fragen Sie nach: bei Verbänden und Menschen, die den Beruf ausüben.

Mit kleinen Dingen Geld verdienen

Sie möchten (noch) nicht voll durchstarten, sondern einfach nur Ihr Einkommen aufbessern oder sind auf der Suche nach einem weiteren finanziellen Standbein, weil das Geld aus dem Hauptjob nicht reicht? Manchmal liegt die Lösung dafür im privaten Umfeld. Hier finden Sie einige Tipps zum Dazuverdienen – ausprobiert und für gut befunden von Menschen aus dem Bekanntenkreis. Oft bedeutet so ein kleiner Nebenverdienst ja nicht nur ein Mehr an Geld, sondern auch ein Mehr an Kontakten und an Kreativität – also insgesamt ein Gewinn an Lebensqualität.

Eine Freundin gibt Nachhilfeunterricht in Mathe und Physik, teils privat, teils bei einem Institut. Eine andere Bekannte geht seit Jahren zu Marktforschungsgesprächen. Bei den Produktgesprächen verdient sie bis zu 50 Euro pro Termin. Voll im Trend liegen auch Dessous- oder Wellnesspartys. Produktpartys bieten sehr gute Möglichkeiten für einen Zuverdienst. Die Gastgeberinnen laden dazu Frauen aus dem Bekanntenkreis und der Nachbarschaft ein und stellen schöne Wäsche oder neue Wellnessprodukte vor. Das alles macht zwar kein volles Einkommen aus, doch ein Nebenverdienst kann auch ein Anfang sein.

Zimmer vermieten

Vermieten Sie ein Zimmer an ausländische Gaststudenten (Goethe-institute, andere Sprachinstitute). Die jungen Studentinnen oder Studenten suchen meistens eine Bleibe für einen Monat. Beim Goethe-Institut Hamburg z. B. gibt es 330 Euro für vier Wochen Vermietung. Wenn Sie längerfristig vermieten möchten, wenden Sie sich an die örtlichen Mitwohnzentralen oder die Wohnbörsen an der Universität. Oder Sie bieten Bed & Breakfast an. Für ein Zimmer mit Frühstück können Sie je nach Lage zwischen 30 und 50 Euro pro Nacht nehmen.

Nachhilfe geben

Sie sind gut in Mathe, sprechen fließend Englisch, Spanisch oder Russisch? Geben Sie Ihr Wissen weiter und erteilen Sie Nachhilfeunterricht. Schüler finden Sie über Ihr privates Netzwerk – also Freundinnen und Bekannte mit Kindern. Oder inserieren Sie in einem lokalen Wochenblatt! Privatunterricht bringt meist mehr Geld, als in einem Nachhilfeinstitut zu unterrichten, wo sie oft kaum zehn Euro bekommen. Ein weiterer Vorteil: Die Schüler können zu Ihnen nach Hause kommen, was Zeit spart.

Äpfel, Kartoffeln & Co. im Straßenverkauf

Sie wohnen idyllisch auf dem Land und sind ein Selbstversorger? In Ihrem Garten oder Schrebergarten bauen Sie Möhren und Kartoffeln an, und im Sommer ernten Sie Berge von Erdbeeren, Äpfeln und Kirschen – viel zu viel für Sie und Ihre Familie allein? Beginnen Sie doch einen Straßenverkauf und verkaufen Sie Kirschen und Erdbeeren für 1,50 Euro pro Schälchen und Kartoffeln für 2,50 Euro pro Beutel. Auch wenn Sie damit vielleicht „nur" zehn Euro am Tag verdienen, sind das schon 300 Euro im Monat.

Machen Sie Party

Tupperpartys sind out – aber andere Partys liegen voll im Trend. Hören Sie sich einmal in Ihrem Bekanntenkreis um, alle waren schon mal da: auf einer Kinderbuchparty, einer Modeschmuckparty, einer Wellnessparty oder Kerzenparty. Machen Sie selbst Party und vertreiben Sie ein Produkt, das Ihnen persönlich gut gefällt. Immer mehr Unternehmen setzen übrigens auf diesen Direktvertrieb. Auch Body Shop verkauft mittlerweile auf Body Shop Partys. Die potenziellen Gäste sind berufstätige Frauen, die es besonders schätzen, ohne zeitlichen Druck in privater Atmosphäre einzukaufen. Oder es sind Frauen in Elternzeit, die einfach gern mal den eigenen vier Wänden entfliehen.

Gehen Sie in die Marktforschung

Marktforschungsunternehmen laden regelmäßig zu Produktgesprächen ein, um die Meinung der Kunden zu testen. Dazu müssen Sie vor dem Termin Zahnpasta testen oder Eiscreme probieren und dann im Gruppengespräch über die Produkte diskutieren. Anderthalb bis zwei Stunden als Produkttesterin können Ihnen zwischen 30 und 50 Euro bringen. Am besten, Sie melden sich bei verschiedenen Marktforschungsinstituten an, denn die Institute laden die Testerinnen meist nur alle drei Monate zu einem Gespräch ein.

Machen Sie Ihr Talent zu Geld

Sie können klasse nähen? Dann nähen Sie doch Taschen oder Klamotten und verkaufen Sie sie auf dem Flohmarkt. Sie stricken Strümpfe und tolle warme Pullover? Verkaufen Sie diese auf dem Weihnachtsmarkt oder kooperieren sie mit einer Boutique und verkaufen dort Ihre selbst genähte oder selbst gestrickte Kleidung in Kommission. Auch Hobby-Modeschmuckdesignerinnen können ihr Talent zu Geld machen und ihre Perlenohrringe und Halsketten auf Märkten verkaufen.

Zwischen Minijob und Vollzeit: Möglichkeiten des Wiedereinstiegs

Gerade wenn Sie länger pausiert haben, ist das oft eine ganz zentrale Frage. Viele Wiedereinsteiger würden gern mit 20, 25 oder 30 Stunden beginnen. Viele Berufstätige – Frauen, Männer, mit und ohne Kinder – könnten sich vorstellen den Rest des Berufslebens mit einer Vier-Tage-Woche sehr gut zu leben. Doch richtig realistisch ist dies bestenfalls im sozialen Bereich und im Gesundheitswesen sowie stellenweise in der Verwaltung. Der offene Arbeitsmarkt dagegen hält sehr wenig Teilzeitstellen parat. Erst recht kaum welche für anspruchsvolle Tätigkeiten.

Ein Minijob ist im Unterschied zum High-End-Teilzeitjob meist leicht und schnell gefunden. Doch die meisten dieser Bis-400-Euro-Jobs sind für weniger Qualifizierte geschaffen. Es ist auch schwer, mehr aus einem Minijob zu machen und seinen Lebenslauf damit aufzuwerten. Dennoch kann der Minijob sowohl inhaltlich als auch finanziell eine interessante Einstiegsperspektive bieten. Sie müssen nur wissen, worauf es ankommt (und weiterlesen).

Wir zeigen, welche Arbeitsform sich für wen lohnt und worauf Sie achten müssen.

Minijob

Der Vorteil des Minijobs ist, dass er komplett steuerfrei ist. Auch Sozialabgaben zahlen Sie nicht. Diese übernimmt der Arbeitgeber pauschaliert, denn er bezahlt auf Ihren Minijob noch mal insgesamt 30 Prozent für Krankenkassen, Rentenversicherung und Pauschalsteuer. Eine vollwertige Krankenversicherung entsteht dabei ebenso wenig wie eine Rentenversicherung. Aber immerhin: Bei Wegeunfällen zur Firma und bei Unfällen im Betrieb sind Sie versichert. Der

Witz daran: Der steuerfreie Minijob ist völlig unabhängig davon, wie hoch das Familieneinkommen ist oder was Sie in einem eventuellen anderen Job verdienen. So gibt es Großverdiener, die nebenbei einen Minijob haben.

Als Minijobber sind Sie entweder über Ihren Hauptjob, über die Familienversicherung oder freiwillig krankenversichert. Letzteres für ca. 120 Euro im Monat, wenn Sie nicht verheiratet sind oder der Partner privat versichert ist. Jedenfalls sofern es keine weiteren Einnahmen gibt.

In der gesetzlichen Krankenversicherung sind Familienmitglieder mit Minijob und auch ohne eigenes Einkommen kostenlos mitversichert – sowohl Kinder bis zum 25. Geburtstag als auch Ehepartner und eingetragene Lebenspartnerschaften. Die kostenlose Familienversicherung endet jedoch, wenn man hauptberuflich mehr als halbtags arbeitet und dabei ein Gesamteinkommen von über 355 Euro im Monat erzielt – es sei denn, es ist ein Minijob. Handelt es sich um einen nicht selbstständigen Minijob, sind bis 400 Euro im Monat erlaubt.

ACHTUNG

Bei gleichzeitiger Ausübung von mehreren (für sich allein gesehen) geringfügig entlohnten Beschäftigungen werden die Bruttoentgelte addiert. Bei Überschreitung der 400-Euro-Grenze gilt Krankenversicherungspflicht in allen Beschäftigungen. Es ist also günstiger, nur einen geringfügigen 400-Euro-Job zu haben!

Minijob: Clevere Kombis

Wem der Minijob zu wenig ist, der kann überlegen, ob es Kombinationsmöglichkeiten gibt. So lassen sich Selbstständigkeit und Minijob ideal kombinieren. Denn: Gleich, wie viel Sie selbstständig verdienen, der Minijob bleibt steuerfrei. Allerdings müssen Sie dann in die private oder gesetzliche Krankenversicherung einzahlen, bei geringem Einkommen rund 180 Euro. Die Familienversicherung greift nur, wenn Sie lediglich einen Minijob haben (bis 400 Euro) oder aber selbstständig sind und weniger als 350 Euro Gewinn erwirtschaften. Familienversicherung gibt es indes nur in der gesetzlichen Krankenkasse. Sollte der Partner privat versichert sein, müssen sie auch bei Null-Euro-Einkünften für Ihre eigene Versicherung sorgen.

Von der Rentenversicherung sind Selbstständige allerdings normalerweise befreit, sodass Ihnen aus der Selbstständigkeit erst mal mehr übrig bleibt. Nur für bestimmte selbstständige Tätigkeiten, etwa im Handwerk oder als Dozent, müssen Sie in die Rentenversicherung einbezahlen. Wenn Sie ein Ladengeschäft haben, mit Immobilien makeln oder einer anderen Geschäftsidee nachgehen, sind Sie dagegen nicht zur Einzahlung verpflichtet.

Gerade für Frauen und Männer in Steuerklasse V kommt es beim Blick auf das Ergebnis der Arbeitsbemühungen nämlich oft zum großen Frust. Wer für 1.000 Euro brutto 600 Euro netto herausbekommt, stellt sich schnell die Frage, ob es sich lohnt, für 200 Euro so viel mehr zu arbeiten. Denn während für steuerfreie 400 Euro oft zwei halbe Tage die Woche ausreichen (acht bis zehn Stunden), müssen Sie für voll zu versteuernde 1.000 Euro oft fünf halbe oder zwei bis zweieinhalb ganze Tage arbeiten. Eigentlich steht das in keinem Verhältnis, aber so ist die gesetzliche Regelung.

Hier kommt die Kombination ins Spiel: Wenn Sie den Minijob mit einem anderen Teilzeitjob kombinieren, ist dies oft günstiger als in einem Teilzeitjob mehr Stunden zu vereinbaren.

Ein Rechenbeispiel:

Susi verdient 1.000 Euro brutto mit einer 15-Stunden-Stelle als Bürokraft bei einem Steuerberater. Davon bekommt Sie als Alleinerziehende etwa 785 Euro ausgezahlt. Beim Partner des Steuerberaters, einem Rechtsanwalt, ist sie als 400-Euro-Kraft beschäftigt. Gesamt hat sie also 1.185 Euro Einkommen.

Würde Susi beim Steuerberater brutto 1.400 Euro bekommen und dafür entsprechende Mehrarbeit leisten, läge das Nettoeinkommen dagegen nur bei 1.016 Euro – über 150 Euro niedriger. Noch deutlicher wird die Rechnung, wenn Susi verheiratet wäre: In der ungünstigen Steuerklasse V blieben ihr ganze 736,70 Euro vom Bruttoeinkommen von 1.400 Euro übrig. Für 1.000 Euro brutto bekäme sie 600,14 Euro ausgezahlt. Mit Minijob kommt Susi auf 1.000 Euro. Der finanzielle Vorteil aus der Kombination von Teilzeit und Minijob beträgt also 260 Euro. Diese Rechnung verschiebt sich je nach Bundesland und Krankenkassensatz etwas. Das Fazit allerdings bleibt: Es lohnt sich weit mehr, einen Minijob mit Teilzeit zu kombinieren, als einen Teilzeitjob mit mehr Stunden und Geld aufzustocken.

Die steuerliche Ungerechtigkeit, die in dieser Kombinationsmöglichkeit liegt, wird vielfach ausgenutzt. So gibt es nicht wenige Angestellte, die bei zwei Unternehmen des gleichen Unternehmers angestellt sind: völlig legal.

Weitere Kombinationen, um netto mehr herauszubekommen:

- Sie arbeiten Teilzeit für 20 Stunden in einem Architektenbüro und für 400 Euro in der Boutique der Ehefrau des Architekten.
- In einer Bürogemeinschaft sind Sie bei zwei Selbstständigen angestellt: beim einen mit 400, beim anderen mit 800 Euro.
- Ein Unternehmer hat mehrere Firmen. Sie sind für zwei davon tätig, davon einmal auf 400-Euro-Basis, ein anderes Mal auf 15-Stunden-Basis.

Sprechen Sie diese Gestaltungsmöglichkeiten an, wenn der Arbeitgeber es nicht von sich aus tut. Vielfach sind die Möglichkeiten gar nicht bekannt. Und schließlich hat auch Ihr Arbeitgeber etwas davon: Sie sind zufriedener mit Ihrem Gehalt, und er muss für Ihre Zufriedenheit weniger bezahlen.

INFO:

Wenn eine selbstständige und nicht selbstständige Tätigkeit mit jeweils 400 Euro nebeneinander ausgeübt werden, gelten dieselben Regelungen wie bei mehreren Minijobs: Eine Tätigkeit sollte zur Haupttätigkeit werden. Werden selbstständige und nicht selbstständige Tätigkeit nebeneinander ausgeübt und man verdient mit beiden mehr als 400 Euro, gilt jene als Haupttätigkeit, in der ein höheres Gehalt erzielt wird.

Eine Kombination von selbstständiger Tätigkeit und Minijob beim selben Arbeitgeber ist hingegen schwierig. Bei einer der regelmäßigen Prüfungen durch die Deutsche Rentenversicherungsanstalt Bund würde dem Arbeitgeber schnell Sozialversicherungsbetrug unterstellt. Wenn Sie selbstständig (also auf Honorarbasis) tätig werden wollen, dann besser nicht dort, wo Sie schon einen Minijob haben.

Midijob

Überschreitet das Einkommen aus unselbstständiger, also angestellter Arbeit den Betrag von 400 Euro, beginnt die Sozialversicherungspflicht des Arbeitnehmers. Vom Einkommen müssen Sie dann Beiträge für die Kranken-, Pflege-, Arbeitslosen- und Rentenversicherung abführen.

Normalerweise tragen Arbeitgeber und Arbeitnehmer die Sozialversicherungsbeiträge zur Hälfte. Doch dies würde zu einem deutlichen Ungleichgewicht beim Überschreiten der Grenze von 400 Euro führen. Bis zu einem Einkommen von 450 Euro bekommen Sie bei normaler Rechnung mit einem Mehr-als-400-Euro-Job weniger heraus als über einen Minijob – nämlich lediglich 396 Euro. Eine geringfügige Lohnerhöhung kann den Angestellten also teuer zu stehen kommen.

Um die Beschäftigung auch im niedrig entlohnten Sektor interessant zu machen, gibt es die Sonderregelung für die Gleitzone von 400,01 Euro bis 800 Euro nach § 20 Absatz 2 Viertes Sozialgesetzbuch.

Die Gleitzonenjobs nennt man auch Midijobs. Zur Beitragsbemessung wird bei Ihnen ein geringeres als das tatsächlich erzielte Einkommen zugrunde gelegt, sodass die Beiträge niedriger ausfallen als bei der Anwendung der üblichen Beitragssätze. Ihr Anteil steigt aber (in absoluten Zahlen) linear bis 800 Euro, wenn die volle Parität der beiden Anteile wiederhergestellt ist.

Die (vollen) Beiträge sind

- in der Pflegeversicherung 1,95 Prozent,
- in der Arbeitslosenversicherung 2,8 Prozent bis Ende 2010, danach 3,0 Prozent,
- in der Rentenversicherung 19,9 Prozent,
- in der Krankenversicherung 14,9 Prozent.

HINWEIS:
Bei der Pflegeversicherung gibt es hinsichtlich der paritätischen Finanzierung eine Ausnahme für Sachsen: Hier tragen der Arbeitnehmer 1,475 Prozent und der Arbeitgeber 0,475 Prozent, dafür ist dort der Buß- und Bettag noch gesetzlicher Feiertag.

Im Gleitzonenbereich steigt die Belastung nun langsam an, bis Sie bei 800 Euro die vollen, oben genannten Werte, erzielt haben. Das bedeutet allerdings auch, dass weniger in die Rentenversicherung einbezahlt wird. Wer eine Beschäftigung bis zum oberen Grenzwert der Gleitzone (800 Euro) ausübt, kann gegenüber seinem Arbeitgeber auf die Anwendung der Gleitzonenregelung zur Rentenversicherung verzichten. Der Vorteil aus einem Verzicht ist minimal – wie das folgende Beispiel verdeutlichen soll:

Beispiel:

*Maria erzielt ein monatliches Entgelt in Höhe von 600 Euro. Mit der Gleit-
zonenregelung beträgt der Arbeitnehmeranteil zur Rentenversicherung
50,68 Euro, bei Verzicht 59,70 Euro. Auf das Jahr hochgerechnet erhält
Maria 108,24 Euro netto weniger ausgezahlt. Sie hat dann aber den vollen
Rentenversicherungsanspruch.*

	Minijob	Midijob
Arbeitnehmer	▪ keine Beiträge zur Sozialversicherung, ▪ zwei Prozent pauschale Lohnsteuer bei Abwälzung, ▪ keine Ansprüche aus der Sozialversicherung, ▪ Aufstockung der Rentenbeiträge möglich	▪ ermäßigte Beiträge zur Sozialversicherung, ▪ Lohnsteuer entsprechend Steuerklasse, ▪ Ansprüche aus der Sozialversicherung, ▪ Aufstockung der Rentenbeiträge möglich
Arbeitgeber	▪ 28 Prozent Pauschalabgabe zur Sozialversicherung, ▪ zwei Prozent pauschale Lohnsteuer (diese übernimmt normalerweise der Arbeitgeber), ▪ U1-Umlage (für Entgeltfortzahlung im Krankheitsfall und bei Mutterschaft)	▪ volle Beiträge zur Sozialversicherung, ▪ U1- und U2-Umlage (für Entgeltfortzahlung im Krankheitsfall und bei Mutterschaft)

TIPP:

Wenn Sie ein Angebot im unteren Gleitzonenbereich bekommen, macht
es Sinn, darüber zu reden, wie dieser ausgestaltet werden kann. Wenn
Sie nicht jeden Monat die vollen 400 Euro ausschöpfen, können Sie
zum Beispiel darum bitten, dass Ihr Arbeitgeber den Rest des Gehalts
in jenen Monaten auszahlt, in denen Sie weniger arbeiten.

Teilzeit

Teilzeit ist mehr als ein Minijob und weniger als ein Vollzeitjob. Sie können also mit 15, 20 oder auch 30 Stunden Teilzeit arbeiten, ja auch mit 35 Stunden. Als Teilzeitbeschäftigte bezahlen Sie anders als im Minijob die vollen Sozialversicherungsbeiträge. Wir haben im Abschnitt Minijob schon gesehen, dass dies gerade bei wenigen Stunden oder niedrig dotierten Jobs ärgerlich teuer werden kann.

Teilzeit ist leider besonders bitter für alle, die in Steuerklasse V sind und eher wenig verdienen. Wir finden, dass der Staat hier die Hausfrauenehe belohnt und das Modell von daher nicht zeitgemäß ist. Andererseits geht es beim Wiedereinstieg nicht nur um Geld, sondern um persönliche Unabhängigkeit. Mit jedem Jahr, die Frau oder Mann aus dem Beruf aussteigen, geht diese ein Stück weit verloren. Arbeit heißt damit auch, die persönliche Freiheit wiederzugewinnen. So gesehen, ist es mitunter besser, 600 Euro netto bei 1.000 Euro brutto zähneknirschend zu akzeptieren. Der Lohn dafür ist oft eine qualifiziertere Tätigkeit, als sie ein Minijob bieten könnte.

Doch die wenigsten Stellen werden als Teilzeit ausgeschrieben. Eine Teilzeitposition lässt sich aus einer bestehenden Festanstellung weitaus leichter erreichen als durch eine Bewerbung von außen. Wenn irgend möglich, sollten Sie deshalb Ihre Stelle während einer Erziehungszeit behalten. Nur aus dieser Position heraus haben Sie schließlich Anspruch auf die Stundenreduzierung, selbst bei einem anspruchsvollen Job.

Rahild ist Marketingleiterin und hat gerade ihr zweites Kind bekommen. Nach sechs Monaten steigt sie mit 20 Stunden wieder ein, nach einem Jahr ist sie bei 30 Wochenstunden. Auf diese Weise kann sie ihre Führungsposition behalten. Lange pausieren darf sie aber auch nicht: „Die Chefs machen da schon Druck", sagt sie.

Einige Arbeitgeber bieten Timesharing-Modelle auch für Führungskräfte an, sodass sich zwei Frauen die Leitung eines Teams teilen können. Doch ist das die große Ausnahme, wie eine Studie des Wirtschafts- und Sozialwissenschaftlichen Instituts (WSI) der Hans-Böckler-Stiftung zeigt. Fast alle der befragten Personaler schlossen Aufstiege aus Teilzeitjobs heraus aus, Leitungspositionen werden fast nie als Teilzeitstelle ausgeschrieben.

TIPPS:
Wenn Sie derzeit in Erziehungszeit sind und eine Stelle haben, sollten Sie versuchen, diese zu behalten, auch wenn es nicht der Traumjob ist. Eine Stundenreduktion ist viel einfacher mit dem Arbeitsvertrag in der Hand.

Teilzeitstellen werden noch öfter über Netzwerke vergeben als andere Jobs. Hören Sie sich vor allem bei den Selbstständigen in Ihrem Umfeld um.

Bewerben Sie sich auf Vollzeitstellen und sprechen Sie im Vorstellungsgespräch erst Ihren Wunsch an, zum Beispiel nur 30 oder 35 Stunden zu arbeiten. Würden Sie dies schon in den Unterlagen thematisieren, wäre die Gefahr, dass die Personal- oder spätestens Fachabteilung Ihre Bewerbung aussortiert, sehr groß. Im Vorstellungsgespräch dagegen haben Sie bereits einen Fuß in der Tür, können flexibel reagieren und gute Vorschläge machen.

Steigen Sie Vollzeit ein und reduzieren Sie nach der Probezeit. Sie sehen dann, an welchen Tagen und zu welchen Zeiten weniger zu tun ist. Bieten Sie an, nur dann zu arbeiten, wenn Sie wirklich effizient sein können. Das ist ja ein klarer Vorteil für Ihren Arbeitgeber.

Wechseln Sie die Branche, wenn Sie in einem Umfeld arbeiten, in dem es kaum Teilzeit gibt. Mitunter geht dabei kein Weg an einer Weiterbildung oder Umschulung vorbei.

Vollzeit

Vollzeit ist bei uns die Regel. Gemeint sind damit mindestens 35, inzwischen sehr oft sogar wieder 40 Stunden und mehr. Mit einem Vollzeitjob zahlen Sie die vollen Beiträge, unter anderem auch in die Arbeitslosenversicherung. Bei einem eventuellen Jobverlust stünden Sie also besser da. Vollzeit bedeutet für Wiedereinsteigerinnen und Wiedereinsteiger in den Beruf vor allem eins: gute Organisation und ein ausgeklügeltes Betreuungssystem. Wer läuft los, wenn Sie den Kleinen nicht um 17 Uhr selbst abholen können? Je besser das Netzwerk, desto leichter klappt das. Auch großstädtische Nähe zahlt sich hier aus. Ebenso Kreativität.

Peter ist Geschäftsführer eines Unternehmens, Sarah angestellte Unternehmensberaterin. Peter beschäftigt bewusst eine Angestellte mit Doppelqualifikation: Melli ist Kinderkrankenschwester und Bürokauffrau. Sie holt die Kleinen vom Kindergarten ab und kommt auch gerne am Wochenende, wenn beide arbeiten müssen. Melli macht das Spaß, und Peter und Sarah haben eine verlässliche Hilfe, wenn es mal wieder spät wird.

Vollzeit muss allerdings nicht bedeuten, dass Sie sich Tag und Nacht für den Job aufopfern. Oft denken gerade Frauen, sie müssten ständig Präsenz zeigen. Erfolg gebe es nur, wenn man auch abends arbeite. Es gibt Gegenbeispiele.

Mareike fängt um sieben Uhr an und verlässt spätestens um vier Uhr das Büro. „Bis 9 Uhr kann ich supereffizient arbeiten, da bin ich viel schneller als die anderen. Und die Meetings wurden alle auf 11 Uhr verlegt, nachdem ich mich über die familienfeindlichen Zeiten aufgeregt habe."

TIPPS:

- Fordern Sie einen familiengerechten Arbeitsstil. Sie müssen flexibel sein – die anderen aber auch.
- Das Wichtigste sind Netzwerke. Suchen Sie sich Verbündete, die auch „Ohr" sind, wenn Sie bereits zu Hause sind.
- Lassen Sie nicht zu, dass man sich über Ihren Vater- oder Mutterbonus ärgert, in dem Sie Privates privat sein lassen. Je weniger die anderen wissen, desto geringer ist die potenzielle Angriffsfläche.
- Trauen Sie sich, um eine Reduktion auf z. B. 30 Stunden oder einen Tag im Home Office zu bitten. Bieten Sie eine Probezeit an, um zu beweisen, dass das gut funktionieren kann.

Selbstständige Tätigkeiten

Viele Tätigkeiten werden auf selbstständiger Basis angeboten. Nicht immer ist das seitens des Arbeitgebers, der hier als Auftraggeber fungiert, wirklich korrekt. So gibt es den Tatbestand der Scheinselbstständigkeit und der Angestelltenähnlichkeit. Scheinselbstständigkeit bedeutet, dass Sie nur zum Schein selbstständig sind, aber in Wahrheit ohne Arbeitsvertrag – der keine Voraussetzung für ein Arbeitsverhältnis ist – angestellt sind. Scheinselbstständig können Sie bei verschiedenen Arbeitgebern sein. Die Tatsache allein, dass Sie nur einen Auftraggeber haben, reicht nicht zur Deklaration von Scheinselbstständigkeit. Entscheidend ist vielmehr die Art, wie Sie arbeiten. So sind Scheinselbstständige zum Beispiel weisungsgebunden: Jemand anderes sagt Ihnen, wann Sie kommen und was Sie zu machen haben. Eine Büroaushilfe auf Honorarbasis ist somit mit ziemlicher Sicherheit scheinselbstständig. Ein Regalauffüller ebenso. Eine Tagesmutter ist es nicht, sofern sie in den eigenen Räumen arbeitet.

Angestelltenähnlich bedeutet, dass Sie in Ihrem Status mit einem Angestellten vergleichbar sind. Dadurch entsteht Rentenversicherungspflicht. Journalisten, die vor Ort in einer Redaktion arbeiten, sind sehr oft angestelltenähnlich. Tagesmütter können scheinselbstständig sein, wenn sie nur ein einziges Kind betreuen und dazu in den Haushalt des „Auftraggebers" kommen.

Viele Arbeitgeber stellen „Freiberufler" ein, obwohl das rechtlich keinesfalls lupenrein ist – vor allem auch im sozialen Bereich. Ihnen selbst kann wenig passieren. Während der Arbeitgeber im schlimmsten Fall sämtliche Sozialversicherungsbeiträge von bis zu vier Jahren zahlen muss, fordern die Sozialversicherungsträger (also Krankenkassen, Rentenversicherung und Arbeitsagentur) von Ihnen maximal vier Monate zurück. Zugleich gelten Sie rückwirkend aber als angestellt, haben Urlaubsanspruch, können nicht so einfach gekündigt werden, haben Recht auf Arbeitslosengeld etc.

Wenn Sie sich für so eine Tätigkeit entscheiden, denken Sie daran, dass der Stundensatz deutlich höher sein muss als bei einer vergleichbaren angestellten Tätigkeit. Denn: Selbstständige Tätigkeiten begründen weder einen Rentenanspruch noch den Bezug von Arbeitslosengeld. Es gibt kein Urlaubsgeld und auch Krankheit ist Geschäftsrisiko. Eine realistische Stundensatzkalkulation führt fast immer zu einem Minimum von 30 Euro in der Stunde oder rund 250 Euro am Tag. In vielen Bereichen ist so ein Honorar allerdings illusorisch. Unter 20 Euro in der Stunde (160 Euro am Tag) ist es dennoch kaum möglich, die eigenen Kosten zu decken. Rechnen Sie sich dies beispielsweise mit dem Stundensatzkalkulator auf www.gruenderreports.de einmal aus.

Scheinselbstständigkeit liegt nahe, wenn Sie …

- verpflichtet sind, allen Weisungen des Auftraggebers Folge zu leisten,
- dem Auftraggeber regelmäßig in kurzen Abständen detaillierte Berichte zukommen lassen müssen,
- in Räumen des Auftraggebers arbeiten,
- bestimmte EDV-Hard- und Software benutzen müssen.

Im Unterschied dazu bedeutet angestelltenähnlich, dass Sie zwar wie ein Selbstständiger (also ohne Weisung), aber doch im Wesentlichen nur für einen Arbeitgeber tätig sind. Damit entsteht automatisch Rentenversicherungspflicht. Arbeitnehmerähnliche finden sich ebenfalls vielfach im sozialen Bereich oder bei TV- und Rundfunkanstalten sowie bei Zeitungen und Zeitschriften. Die Grenzen zur Scheinselbstständigkeit sind fließend. Arbeitgeber haben dabei stets ein Interesse daran, Arbeitnehmerähnlichkeit zu argumentieren.

Sie selbst sollten es vermeiden, länger als ein Jahr nur für einen Auftraggeber tätig zu sein und Ihre Auftragsbasis breiter streuen. Dies minimiert auch Ihr Risiko. Weisen Sie Auftraggeber, die sich offensichtlich nicht über die eigenen Risiken klar sind, darauf hin.

	Arbeitnehmerähnlich	Scheinselbstständig
Nur ein Auftraggeber, der mehr als fünf Sechstel des Einkommens ausmacht	X	(Zahl der Auftraggeber unerheblich, es geht um die Tätigkeit)
Weisungsgebunden und eingebunden in Organisation		x
Rentenversicherungspflichtig	X	x
Sozialversicherungspflichtig (Arbeitslosenversicherung etc.)		x
Nachweis über Clearingstelle Deutsche Rentenversicherung Bund	X	x

„Halb"-Selbstständig nach § 84 HGB

In Deutschland ist es schwierig, als Selbstständiger nur für einen Auftraggeber tätig zu sein – schnell wird sonst Angestelltenähnlichkeit (siehe oben) zitiert. Ausnahme: Sie sind Handelsvertreter nach

§ 84 HGB. Im Versicherungsgewerbe sowie in der Immobilienbranche ist das eine häufige Konstruktion. Sie arbeiten frei und bei eigener Zeiteinteilung in eigenen Räumlichkeiten – aber nur für einen Unternehmer. In der Regel geht es dabei, wie die Beispiele Versicherungen und Immobilien zeigen, um die Vermittlung von irgendetwas. Dies kann auch die Vermittlung von Gegenständen sein – von Kücheneinrichtungen für Kindergärten über Dienstleistungen bis hin zu Anzeigen in Zeitungen oder Büchern. Auch Stromanbieter suchen Partner, z. B. Yello Strom, ebenso Weinproduzenten.

Handelsvertreter ist nach Handelsgesetzbuch (HGB), wer als selbstständiger Gewerbetreibender ständig damit betraut ist, für einen anderen Unternehmer Geschäfte zu vermitteln (Vermittlungsvertreter) oder in dessen Namen abzuschließen (Abschlussvertreter). Selbstständig ist, wer im Wesentlichen frei seine Tätigkeit gestalten und seine Arbeitszeit bestimmen kann (§ 84 Abs. 1 HGB).

Die selbstständige Tätigkeit kennzeichnet demgegenüber vornehmlich das eigene Unternehmerrisiko, das Vorhandensein einer eigenen Betriebsstätte, die Verfügungsmöglichkeit über die eigene Arbeitskraft und die im Wesentlichen frei gestaltete Tätigkeit und Arbeitszeit. Dies ist natürlich vor allem dann interessant, wenn Sie aus familiären Gründen nicht Vollzeit von 9 bis 18 Uhr tätig sein können. In einigen der Vertreterjobs können Sie einen Teil der Zeit im Home Office verbringen. Dass die lieben Kleinen zeitgleich von einem Babysitter bespielt werden, weiß ja keiner …

Sie suchen Tätigkeiten als Handelsvertreter/in? In folgenden Portalen werden Sie fündig:

- Dipeo (www.dipeo.de)
- Handelsvertreter (www.handelsvertreter.de)
- Vertriebsoffice (www.vertriebsoffice.de)
- Infos über das Forum Handelsvertreter (www.forum-handelsvertreter.de)

Leider gibt es in der Handelsvertretung wie überall im Berufsleben ein paar unseriöse Anbieter, die viel versprechen, aber nichts bieten. Um nicht auf das falsche Pferd zu setzen, sollten Sie sich über die entsprechende Firma informieren. Dabei gibt es eindeutige Kriterien für ein „sauberes" Image – und realistische Einnahmemöglichkeiten.

CHECKLISTE:

- Der Anbieter hat bereits einen bekannten (Marken-)Namen.
- Alle Fragen werden Ihnen konkret beantwortet, keine blumigen Versprechungen.
- Kunden müssen Sie nicht ausschließlich in Ihrem Bekanntenkreis werben.
- Man kann Ihnen sofort andere Handelsvertreter benennen, mit denen Sie über Erfahrungen – auch bezüglich der Einkünfte – sprechen können.
- Der Anbieter offeriert eine finanzielle Sicherheit in der Einarbeitungszeit, meist etwa 1.000 Euro fix bei Vollzeit.

VORSICHT:

- Wenn der Anbieter nach Vertriebspartnern sucht, sonst aber selbst kaum in Erscheinung tritt (etwa in den Medien).
- Wenn die Website sehr werblich oder gar marktschreierisch aufbereitet ist, aber keinerlei Informationen für Direktkunden enthält.
- Wenn es um Produkte für einen sehr kleinen Preis geht. Hier müssen Sie unrealistisch viel verkaufen …
- Wenn die Zielgruppe nur im Privatbereich liegt. Außer bei Versicherungen, Strom, Immobilien ist hier Vorsicht angesagt.
- Wenn der Auftraggeber keine anderen Handelsvertreter benennen will, die Sie nach Umsätzen und Erfahrungen befragen dürfen.
- Wenn es um Trendthemen wie zum Beispiel Wellness geht. Das heißt nicht, dass hier generell Vorsicht geboten ist, wohl aber, dass Sie die Augen offen halten sollten.

Vollzeit

Sie möchten und können 35 bis 40 Stunden in der Woche arbeiten? Dann gehören Sie zu der Mehrheit der deutschen Bürger, die Vollzeit arbeiten – und zu einer Minderheit von Müttern. Die allermeisten Stellen sind Vollzeit ausgeschrieben. Leider bedeutet das in vielen Branchen aber nicht, dass Sie mit klaren Arbeitszeiten rechnen können. Gerade bei kleineren Unternehmen, bei Agenturen und in Bereichen wie Marketing, Werbung und PR gehören 12-Stunden-Tage oft zum Alltag. Auch Assistentinnen der Geschäftsführung haben sehr selten Acht-Stunden-Tage. Wenn Sie Familie haben, kann das zu einem ganz schönen Problem werden. Das sich am besten lösen lässt, wenn der Partner in jeder Beziehung mitzieht.

Karl und Lara leben getrennt, teilen sich aber die Erziehung. Eine Woche leben die beiden Kinder bei der Mutter, eine beim Vater. Wer „Dienst" hat, muss die Kinder um 17 Uhr von der Kita abholen, der andere kann bis in die Abendstunden schuften, wenn es nötig ist. Beide Arbeitgeber haben sich daran gewöhnt.

Was ist wichtiger: Die Befriedigung, die Sie aus der Arbeit ziehen, oder die Kinder? Wenn Sie sagen „Kinder" bedeutet dies, dass Sie meist Kompromisse eingehen müssen. Der superanspruchsvolle, megaflexible und dann topbezahlte Job ist sehr selten. Oft wird Kind + Familie heißen, einige Jahre einen weniger anspruchsvollen Job zu machen. Wenn Sie das nicht wollen, bleibt oft nur die Selbstständigkeit.

Wenn Sie dagegen sagen „der Job ist mir ehrlich gesagt sehr, sehr wichtig" wird das mit dem Schließen von Kompromissen schwierig werden. Wir haben die Erfahrung gemacht, dass zu einer ehrgeizigen Frau am besten ein weniger ehrgeiziger Partner passt (auch Männer, die beruflich voran wollen, bevorzugen bekanntlich die weniger ehrgeizige Frau). Ideal, wenn er (oder sie) mit einem überschaubaren Job zufrieden ist. Dann kann sich einer um die Kinder kümmern und der andere voll durchstarten. Ob Mann oder Frau ist letztendlich zweitrangig: Unter Männern gibt es genauso viele, die keinen Wert auf Karriere legen wie unter Frauen.

Dann gibt es noch den Fall, wenn beide nicht verzichten können und wollen. Hier ist die Lösung trotzdem einfach: Ehrgeizige Partner entscheiden sich leicht für ein Kindermädchen oder mehrstufige Betreuungsmodelle aus Eltern, Nachbarn, Kita, Kindermädchen 1 und 2 sowie Babysitter. Und dann gibt es ja noch …

TIPPS:
- Betreut.de (www.betreut.de): Babysitter finden
- Jung und alt in Zuwendung e. V. (www.jaz-ev.de): Oma-Service
- Starfamily (www.starfamily.info): Kinderbetreuungsagentur, auch für Meetings etc.

Was für wen?

Was?	plus	minus	Wichtig
Mini-job	■ Steuerfreies Geld. ■ Ideal, wenn Sie es mit Teilzeit, Midijob oder Selbstständigkeit kombinieren. ■ Ideal, wenn es Ihnen nur um etwas Geld nebenbei geht.	■ Oft wenig verantwortungsvolle Tätigkeiten. ■ Es lohnt sich kaum, mehr als 400 Euro zu verdienen, weil dann vor allem in Steuerklasse V die Abgaben hoch sind.	■ Es entsteht keine vollwertige Rentenversicherung. Diese können Sie aber erwerben, wenn Sie „aufstocken". Der Arbeitgeber zahlt pauschal 15 Prozent in die Rentenversicherung. Übernehmen Sie die restlichen 4,9 Prozent, haben Sie volle Ansprüche in der gesetzlichen Rentenversicherung

Was?	plus	minus	Wichtig
Midi-job	■ Eigene Kranken-versicherung, anders als (oft) beim Minijob.	■ Oft lohnt sich das Engagement finanziell wenig, vor allem bei Steuerklasse V.	■ Es entsteht eine vollwertige Renten-versicherung. Die Beiträge, die reduziert sind, können Sie auf Wunsch aufstocken.
Teilzeit	■ Optimale Familien-vereinbarkeit. ■ Volle Kranken- und Renten-versicherung.	■ Oft lohnt sich das Engagement finanziell wenig, vor allem bei Steuerklasse V.	■ Es entsteht eine vollwertige Renten-versicherung. Wenn Sie einen Vollzeitjob haben, können Sie per gesetzlichem Anspruch auf Teilzeit reduzieren.
Voll-zeit	■ Der Klassiker	■ In vielen Jobs bleibt kaum Freizeit.	–
Selbst-stän-digkeit	■ Oft maximale Flexibilität, gerade für Mütter. ■ Vernünftiges Einkommen möglich, anders als in vielen Teil-zeitjobs.	■ Meist ist eine Investition möglich. ■ Es gibt fast immer eine Anlaufzeit von zwei bis drei Jahren.	–

Wo und wie bewerben?

Dass es spezielle Hürden für wiedereinsteigende Frauen gibt, ist mehr als nur ein Gerücht. „Wenn wir den Lebenslauf von einer Frau Anfang 30 sehen, die verheiratet ist, sortieren wir die Bewerbung sofort aus. Erst recht gilt das, wenn sie kleine Kinder hat. Wir wissen doch alle, dass man das nicht unter einen Hut bringen kann." Diese Aussage stammt im Original von der Leiterin einer Hamburger Institution, was diese natürlich niemals namentlich öffentlich machen würde. Sie ist kein Einzelfall.

Aussagen dieser Art hören wir keineswegs nur aus Wirtschaftsunternehmen, sondern auch aus sozialen Einrichtungen. Sie spiegeln eine individuelle Haltung und meist die eigene Erfahrungswelt, die in einer professionellen Personalauswahl zwar nichts zu suchen haben sollte, diese aber dennoch mitbestimmt. Wir alle wissen: Es gibt genug Frauen, die mit kleinen Kindern Vollzeit arbeiten. Es gibt aber auch viele, die das nicht schaffen und auch nicht so wollen. Unser eigenes Bild und unsere Erfahrungen bestimmen die Auswahl des Personals mit. So kommt es, dass fortschrittliche Personalabteilungen die Einstellung einer alleinerziehenden Mutter bejahen, während sich die Fachabteilung – geleitet von einem Familienvater mit drei kleinen Kindern, dessen Frau zu Hause ist – sich konsequent dagegen stellt.

Aber die Ablehnung von Müttern ist kein männliches Phänomen. Es ist sogar so, dass eine ablehnende Haltung gegenüber arbeitenden Müttern vor allem dort vorzuherrschen scheint, wo Frauen über Einstellungen entscheiden. Die üblichen Verdächtigen, Konzerne und mittelständische Unternehmen, haben bisweilen sogar eine tolerantere und kinderfreundlichere Einstellung.

Im Zweifel heißt das: Privates – und Familienstand und Kinder sind privat – besser verbergen und Bewerbungsunterlagen auf die fachlichen Inhalte zuschneiden. Dazu später mehr.

Jobsuche im Netz

70 Prozent aller Stellen werden nie ausgeschrieben und über persönliche Netzwerke oder Initiativbewerbungen vergeben – das sagt sogar das Institut für Arbeitsmarktforschung. Dennoch lohnt sich ab und zu der Blick in die Zeitung oder ins Netz. Die regionale Tageszeitung ist nach wie vor interessant für alle, die im Gesundheitsbereich, einfache kaufmännische Tätigkeiten oder Minijobs suchen. In den Internetstellenbörsen finden sich dagegen vor allem Vollzeitstellen, viele in akademischen Berufen. Anders bei der Bundesagentur für Arbeit (www.arbeitsagentur.de). Die hier ausgeschriebenen Stellen passen für alle Zielgruppen. Leider sind manchmal unseriöse Angebote dabei – einfach ignorieren, wenn etwas allzu marktschreierisch klingt. Super Verdienste bei wenig Arbeit gibt es nicht per Stellenanzeige – das ist immer verdächtig.

Für Ihre Suche im Netz gibt es eine Reihe von Stellenbörsen:
- Stepstone (www.stepstone.de)
- Monster (www.monster.de)
- Jobscout24 (www.jobscout24.de)
- Jobware (www.jobware.de)

Auch unbekanntere Märkte lohnen den Klick:
- Gigajob (www.gigajob.de)
- Rekruter (www.recruiter.de)

Meta-Stellenmärkte beziehen gleich mehrere Jobbörsen und Unternehmensstellenmärkte mit ein:
- Kimeta (www.kimeta.de)
- Indeed (de.indeed.com)
- Joboter (www.joboter.de)

Schließlich lohnt sich oft auch noch ein Klick in Stellenmärkte, die auf dem Empfehlungsprinzip basieren: Sie tragen sich ein und die Stellen kommen zu Ihnen. Auch andere können Stellen an Sie weiterleiten und damit sogar Geld verdienen:

- Yourcha (www.yourcha.com)
- Talential (www.talential.com)
- Jobleads (www.jobleads.de)

Familienfreundliche Unternehmen suchen

Nicht jedes Unternehmen tickt gleich. Eine Zugehörigkeit zum Audit „Beruf und Familie" der Hertie-Stiftung ist dabei ein Indiz für Fortschrittlichkeit (www.beruf-und-familie.de). Fast immer sind es jedoch die größeren Firmen, die hier dazugehören – was sicher auch mit den Kosten so eines Auditverfahrens zu tun hat. Unternehmen, die nicht dazugehören, sind deshalb nicht zwangsläufig familienunfreundlich. Es kann nur sein, dass sie nicht an die Öffentlichkeit drängen und Familienfreundlichkeit eher unauffällig leben. Welche Unternehmen das in Ihrer Region sind, erfahren Sie vielleicht vom Hörensagen oder aus der Tagespresse.

Tatsächlich ist es aber so, dass kleinere Unternehmen sich Familienfreundlichkeit oft nur bedingt leisten können. Fällt einem Ein-Mann-Unternehmen die einzige Teilzeitkraft aufgrund von „Kinderkrankheiten" zwei Wochen aus, liegt auch sein Geschäft lahm. Finden Sie in solchen Fällen kreative Lösungen – etwa Arbeit von zu Hause aus. Dadurch lässt sich viel bewegen. Dann sind die Arbeitgeber nicht böse. Da eine der Autorinnen selbst Unternehmerin ist, kennt sie die Problematik: Es gibt Mütter und Väter, die lassen ihren Arbeitgeber im „Regen" stehen und sehen nicht, dass ein kleines Unternehmen meist auch mehr Engagement fordert. Im Gegenzug gibt es mehr Entwicklungsmöglichkeiten und Chancen, seine Tätigkeit interessengerecht auszurichten.

TIPPS
- Suchen Sie nach Unternehmen, die sich für örtliche Kindergärten etc. einsetzen,
- in der Presse bekennen, dass ihnen Familie wichtig ist,
- die einen Betriebskindergarten oder Kindergartenplätze in örtlichen Kitas reserviert haben.

Das heißt dennoch nicht, dass man „verheiratet" oder die Zahl und das Alter der Kinder in den Lebenslauf schreiben sollte, wenn dieses nichts mit Ihrer Arbeit zu tun hat und Ihre Leistung und Einsatzfähigkeit nicht einschränkt. Was keinerlei Auswirkungen auf die Arbeitskraft hat, gehört nicht in die Bewerbung.

Gute Unternehmen, böse Unternehmen

Mitunter steht Familienfreundlichkeit gar nicht an erster Stelle, weil Sie nach eigener Kompetenz oder Interesse suchen. Dafür gibt es mehrere Anlaufstellen, viele sind kostenlos. In Bibliotheken etwa können Sie aus dem Nachschlagewerk für Firmen, dem Hoppenstedt, relevante Adressen ziehen.

Im Internet gibt es folgende Portale:
- Werzuwem (www.wer-zu-wem.de)
- Örtliche IHKs (www.ihk.de): Hier können Sie je nach Region auch online für einen Kostenbeitrag Adressen bestellen

Besonders interessante Unternehmen finden Sie dort, wo Arbeitgeber von jetzigen oder ehemaligen Arbeitnehmern bewertet worden sind:
- Kununu (www.kununu.com)
- Evaluba (www.evaluba.de)
- Dooyoo (www.dooyoo.de)
- Ciao (www.ciao.de)

Nicht ganz so relevant, aber auch ein Indiz, ist es, wenn ein Unternehmen eine offizielle Auszeichnung bekommt als großartiger Platz zum Arbeiten wie Greatplacetowork (www.greatplacetowork.de).

Richtige Stellen auswählen

„Ich kann so gut organisieren!" Gerade Frauen sehen oft weitgehend vergleichbare Kompetenzen als ihre Stärken an. Zudem orientieren sie sich manchmal zielsicher an schlecht bezahlten Stellen, weil diese mit schönen Dingen wie Veranstaltungsmanagement zu tun haben. Nehmen Sie die Verschönerungsbrille ab! Hinter Tätigkeiten, die wenig konkrete Erfahrung voraussetzen, verbirgt sich meist ein sehr schlecht bezahlter Job. Wenn es Ihnen auch um gerechte Bezahlung geht, achten Sie darauf, Jobs mit „teuren" Tätigkeiten vorzuziehen.

Teure Tätigkeiten (+35.000 Euro/Jahr)	„Billige" Tätigkeiten (−35.000 Euro/Jahr)
analysieren	Mit Kunden sprechen, sie beraten
konzeptionieren	Veranstaltungen organisieren
Strategie entwerfen	aktualisieren
planen	dokumentieren
(Geschäftsprozesse) optimieren	Daten eingeben
Dinge durchsetzen	Präsentationen erstellen
Kunden gewinnen	helfen
Kunden etwas verkaufen	Support leisten

Initiativ bewerben

Offene Teilzeitjobs sind vermutlich noch deutlich weniger ausgeschrieben als offene Vollzeitpositionen. Diese Stellen finden Sie über Initiativbewerbungen eher als über die Zeitung oder den Internetstellenmarkt.

Der Grund ist, dass für wenige Stunden oft keine (teure) Anzeige geschaltet wird. Der Weg der Jobsuche geht normalerweise so:

- Als Inhaber einer Firma, Besitzer eines Ladens, Unternehmer oder Freiberufler frage ich zunächst meine Freunde und Bekannten. Wer kennt jemand oder ist sogar selbst bereit, bei mir anzufangen?
- Wenn das nichts fruchtet, schicke ich Newsletter über das Internet oder informiere „Gott und die Welt". So kommen auch Bewerber aus versteckten Ecken.
- Parallel dazu schaue ich auf meinen Schreibtisch. Gibt es Initiativbewerbungen?
- Erst wenn alle Stricke reißen, setze ich eine Anzeige auf.

Dieses System verdeutlicht auch, dass oft Jobs in der Zeitung landen, um die sich sonst keiner reißt. Die besten Jobs gehen unter der Hand weg – oder an Bewerber, die zufällig da sind, wenn man Sie braucht. Und so gehen Sie bei der Initiativbewerbung vor:

- Überlegen Sie sich, in welchem Unternehmen Sie gern arbeiten würden. Streichen Sie den Traum vom Konzern und Großunternehmen, wenn Sie keine Kontakte haben. Initiativbewerbungen machen viel mehr Sinn bei kleinen und mittelständischen Firmen.
- Fragen Sie sich: Gibt es einen direkten Weg dahin – etwa über einen Bekannten, der die Bewerbung übergeben oder, noch besser, Sie direkt vorstellen kann?

Wie sprechen Sie die Unternehmen am besten an? Es gibt mehrere Wege:

- Persönlich vorbeikommen: Handwerker und einfache Bürohilfen punkten immer noch am meisten, wenn Sie mit dem Lebenslauf unter dem Arm oder auf dem Fahrradsattel bei Firmen aus der Region vorbeischauen. Selbst wenn Sie am Empfang nicht vorbeikommen: Einen guten Eindruck macht das fast immer. Vorbeikommen gilt auch für viele andere Jobs: Buchhändlerinnen, Verkäufer,

Pflegekräfte, Therapeuten, Erzieher – sie alle tun gut daran, erst mal Gesicht zu zeigen. Übrigens auch bei einer ausgeschriebenen Stelle: Wenn eine Erzieherin Ihre Mappe gleich persönlich vorbeibringt, macht das einen ganz anderen und fast immer besseren Eindruck, als wenn Sie einfach nur eine Mail oder einen Brief sendet.

- Unterlagen an eine Auswahl von passenden Unternehmen schicken: Dies ist sinnvoll, wenn Sie zum Beispiel als Sekretärin arbeiten möchten oder als Versicherungskauffrau und gleich mehrere infrage kommende Firmen beschicken wollen. Der Weg der Wahl ist dabei inzwischen oft die E-Mail. Es empfiehlt sich allerdings, vorher anzurufen, um den Namen des Ansprechpartners zu erfahren und auf die Bewerbung vorzubereiten.
- Etwas Kreatives tun: Das kann eine Postkarte mit einem Foto von Ihnen sein oder auch ein fingiertes Interview. Kreative Einfälle passen am besten zu kreativen Branchen oder Jobs, in denen Sie Ideen einbringen müssen.

Tabu sind übrigens Massenmails an Hunderte von Unternehmen. Die Auswahl ist dabei so grob, dass der Erfolg unwahrscheinlich ist. Zudem wissen Sie nie, in wessen Hände eine Bewerbung gerät. Und das sollten Sie, denn Nachfassen gehört zu einer Bewerbung dazu. Spätestens eine Woche nach dem Losschicken sollte eine Eingangsbestätigung da sein. Ansonsten: Anrufen, fragen, erinnern!

Netzwerke nutzen

Wiedereinsteiger ins Berufsleben brauchen vor allem eins: ein gutes Netzwerk. Doch wer denkt in der Elternzeit an Netzwerkpflege? Leider viel zu wenige! Auch wenn Sie etwas geschludert und Kontakte zu wenig gepflegt haben, können Sie an alte Beziehungen anknüpfen. Netzwerken heißt nicht, zu allen einen Dauerkontakt aufzubauen. Entscheidender ist, dass Sie selbst bereit wären, dem anderen zu helfen, wenn dieser auf Sie zukäme. Dann haben Sie die richtige Einstellung – und können auch Ihrerseits einen Schritt nach vorn gehen.

Überlegen Sie dazu, wen Sie kennen. Holen Sie sich alle Menschen ins Bewusstsein, die im Leben Ihrer letzten Jahre eine Rolle gespielt haben. Auch ehemalige Berufskollegen gehören dazu! Denken Sie nicht, dass das ja schon so lange her ist … Dank Internet lassen sich alte Beziehungen jahrzehntelang konservieren und auch wieder aufwärmen!

Welche Kontakte könnten Ihre Kontakte herstellen, was für Sie tun? Hat die Kindergartenleiterin nicht einen selbstständigen Ehemann, der eine Hilfe brauchen könnte? Arbeitet Kollege X jetzt nicht bei Y? Recherchieren Sie zusätzlich im Internet. Beim Netzwerk Xing (www.xing.de) können Sie unter dem Namen Ihrer früheren Arbeitgeber alte Kollegen herausfiltern, die jetzt längst woanders arbeiten und vielleicht gute Tipps parat haben. Auch Facebook ist nicht nur ein Freundenetzwerk, sondern zudem eine Suchmaschine. Was macht eigentlich Waltraud, was Harald? Trauen Sie sich, diesen Kollegen eine Kontaktanfrage zu senden und „hallo" zu sagen. Es ist auch okay, nett hinzuzufügen, dass Sie selbst derzeit auf Jobsuche sind und zu fragen: Weißt du nicht? Kennst du nicht?

Wer auf diese Art seine Jobsuche betreibt, wird mittelfristig erfolgreicher sein als jemand, der sich auf Anzeigen verlässt. Auch Quereinstiege sind sehr viel leichter, wenn Sie die Chancen des Networkings ergreifen. Aber Vorsicht, das alles ist Arbeit und nicht an einem Tag getan.

Nehmen Sie sich in der akuten Jobsuchphase ruhig eine Stunde Zeit am Tag, um

- alte Bekannte wiederzufinden,
- Bekannte und Kollegen zu informieren, dass Sie auf Jobsuche sind,
- Neuigkeiten zu „streuen", z. B. Weiterbildung abgeschlossen (das bringt immer wieder in Erinnerung,
- Ihr Profil bei Xing oder Facebook aktuell zu halten,
- potenzielle Arbeitgeber über Xing anzusprechen (auch das geht!).

Erfassen Sie Ihre Netzwerkaktivitäten systematisch!

Name	Anknüpfungspunkt für ein Gespräch	Gespräch am	Resonanz/Ergebnis

Die Bewerbungsunterlagen „trimmen"

Dieses Buch ist kein Bewerbungsbuch, deshalb halten wir Tipps kurz und bündig und beziehen uns vor allem auf die Unterschiede einer Wiedereinstiegsbewerbung zu einer Bewerbung von jemandem mit durchgehender Erwerbstätigkeit.

Wenn Sie lange keine Bewerbung mehr geschrieben haben, hier auf die Schnelle die wichtigsten Neuerungen der letzten Jahre:

- Ein Lebenslauf kann problemlos drei Seiten lang sein.
- Elternberufe etc. sind völlig out.

- Jede Etappe enthält eine Kurzbeschreibung.
- Die Berufsbezeichnungen erklären Ihre Tätigkeiten und müssen nicht mit den Zeugnissen übereinstimmen.
- Der Name kann auf jedem Blatt stehen, ein Logo ist erlaubt.

Die Rubrik „persönliche Daten" ist aktuell im starken Wandel. Gerade für Frauen ist diese Rubrik eine regelrechte Falle. Wir wissen aus unserer langjährigen Beratungserfahrung auch von Unternehmensseite, dass eine Erwähnung des Familienstands meist ungünstig ist.
Wir empfehlen deshalb, den Familienstand und die Kinder gar nicht erst in den Lebenslauf zu schreiben. Es besteht auch keine Pflicht, eine eventuelle Verkürzung der Stundenzahl aufgrund der Elternzeit in den Lebenslauf aufzunehmen. Im Gegenteil: Das Allgemeine Gleichstellungsgesetz (AGG), seit 2006 in Kraft, liefert genug Argumente dafür, private Daten außen vorzulassen. Immer mehr Arbeitgeber wollen auch lieber nicht allzu viel über ihre Bewerber wissen – aus Angst vor Klagen von Personen, die sich aufgrund ihres Alters, Familienstands oder der Hautfarbe diskriminiert fühlen. Einige Unternehmen lehnen deshalb inzwischen auch Fotos ab. In anderen Ländern ist die Angabe persönlicher Daten schon länger oder seit jeher tabu oder verboten, etwa in Großbritannien oder den USA.
Das ist auch vernünftig: Ihren Arbeitgeber geht Ihr Privatleben nichts an. Auch eine Erziehungszeit muss keinesfalls vermerkt werden, sofern das Arbeitsverhältnis weiter besteht. Es besteht auch keine Pflicht, eine eventuelle Verkürzung der Stundenzahl aufzunehmen.
Wenn Sie kurz ausgestiegen sind und das Arbeitsverhältnis besteht, ist das Weglassen der Informationen über die Elternzeit meist unproblematisch. Schwieriger wird es bei richtigen Lücken und mehreren Jahren ohne Anstellung oder eine andere Tätigkeit wie Selbstständigkeit. In dem Fall bezeichnen Sie die Erziehungsphase als „Familienmanagement", „Erziehungszeit" u. Ä. – je nachdem, mit welchen Begriffen Sie sich anfreunden können. Wichtig ist, dass es positiv klingt

und nicht zu privat. Engagement, etwa im Elternbeirat, sollte auf jeden Fall erwähnt werden. Ebenso Weiterbildungen, auch wenn sie „nur" autodidaktisch erfolgt sind.

Wenn die letzte Position länger her ist, macht sich eine neu angefangene Weiterbildung gut als erster Punkt im Lebenslauf.

Das klingt dann z. B. so:

- Seit 9/2009 berufsbegleitendes Studium zur Logopädin an der Frische Akademie, Stuttgart
  oder
- Seit 9/2009 Intensivschulung Excel bei der EDV-Schule GmbH, Hamburg

Vergessen Sie auch unbezahlte Tätigkeiten nicht, sofern diese in irgendeiner Weise relevant sind für Ihr berufliches Ziel. Wenn Sie ehrenamtlich die PR eines Vereins übernommen haben, sollte das in Ihrer Vita stehen. Das Wort Ehrenamt muss dabei gar nicht rein, auch weitere Einschränkungen wie „unbezahlt" oder „freiberuflich" sind nicht nötig.

Auf gar keinen Fall gehören Rechtfertigungen in den Lebenslauf („wurde gekündigt wegen Insolvenz" o. Ä.). Lücken von drei oder sechs Monaten würden wir entgegen anderslautender Empfehlungen erst gar nicht weiter thematisieren. Längere Leerzeiten können ruhig auch einmal mit „beruflicher Neuorientierung" überschrieben sein. Mögliche Beschreibungen:

- Intensive Recherche nach passenden Berufsprofilen
- Verschiedene Gespräche mit Menschen in dem Beruf
- Hospitanzen u. a. bei ABC und YZ

Jede Beschreibung sollte positiv sein. „Arbeitslos" ist keine sehr schöne Formulierung, weil es ja auch nicht stimmt, dass Sie nichts zu tun hatten. Besser Sie schreiben wie oben vorgeschlagen „Neuorientierung" hin oder setzen eine Weiterbildung ein.

Wichtig: Ein Lebenslauf muss nicht nur bezahlte Tätigkeiten umfassen!

Wiedereinsteigerlebenslauf

Strukturieren Sie Ihren Lebenslauf, indem Sie ihn in einzelne Häppchen bündeln. Etwa so:

- Kurzprofil mit den wichtigsten Eckdaten (siehe Muster). Ein Foto passt hier sehr gut dazu
- Geburtsdatum und Ort
- eventuell: aktuelle Tätigkeit
- Berufserfahrungen
- Studium und Ausbildung (hier auch Schule)
- Weiterbildung
- EDV-Kenntnisse
- Sprachen
- sonstige Kenntnisse/Zusatzqualifikationen

Auch wenn mittlerweile drei Seiten Lebenslauf an der Tagesordnung sind, halten Sie sich inhaltlich kurz. Liefern Sie keine vollständigen Sätze, sondern lediglich Stichpunkte. Formulieren Sie diese möglichst aktiv, konkret auf die jeweilige Tätigkeit bezogen und bei höherer Qualifikation auch erfolgsorientiert (z. B. „Verdopplung des Umsatzes im Verkaufsgebiet Nord binnen sechs Monaten"). Schreiben Sie aktiv und verständlich.

Beispiele:

- Statt „Produktmanagement" besser: „Aufbau und Führung der Marken Orange Blue und Orange White"
- Statt „Redaktionsmanagement und Betreuung der Autoren" besser „Themenfindung, Redigieren sowie Recherchieren, Schreiben und Texten von Artikeln"
- Statt „Zuständig für Umweltschutz" besser: „Konzeption und Einführung von Maßnahmen im Bereich des Umweltschutzes und der Arbeitssicherheit"

Beschreiben Sie pro Station drei bis maximal sechs einzelne Tätigkeiten und Schwerpunkte oder fassen Sie diese zusammen. Erfolge können Sie in die Formulierung einbetten oder als Extrapunkt vom restlichen Text abheben.

Tipps für den allgemeinen Aufbau und die Gestaltung:

- Setzen Sie die gestalterischen Akzente dort, wo sie Sinn machen. Betonen Sie beispielsweise Funktionen und nicht Daten und Firmennamen.
- Achten Sie auf eine tabellarische Form: links die chronologischen Daten, rechts die Beschreibung. Im deutschsprachigen Raum ist dieser Aufbau üblich. Andere Formen irritieren oft. Finger weg von Zeitleisten rechts.
- Die wirkungsvollste Hervorhebung von Aussagen ist fett, danach kommt kursiv und dann unterstrichen. Verwenden Sie nicht mehr als zwei verschiedene Formen der Hervorhebung. Akzentuieren Sie immer dieselben Aspekte, mischen Sie nicht.
- Wählen Sie eine Schriftgröße, die nicht kleiner ist als 11 Punkt.
- Wählen Sie eine Schrift, mit der Sie sich gut identifizieren können. So wirkt die Times New Roman automatisch konservativer als eine Arial oder Verdana. Die Century Gothic wirkt weich und modern.
- Für die Überschriften (Rubriken) können Sie unter Umständen eine andere Schrift wählen oder die im Fließtext genutzte Schrift verändern.
- Oft wird nach der sogenannten „Seite drei" gefragt, eine Zusatzseite, auf der wesentliche Punkte wie Können oder Motivation aufgelistet werden. Deshalb greifen wir dieses Thema kurz auf: Wir raten davon ab. Was hier steht, gehört in das Anschreiben. Dritte Seiten sind nur dann sinnvoll, wenn Sie dort z.B. detaillierte IT-Kenntnisse aufführen oder Projekte beschreiben.

Susanne Langner-Moos | Heidekoppel 7a | 23456 Eckernhut | Tel. 0123-1234455 |
E-Mail: susanne.langnermoos@web.de

Bewerbung als Sekretärin mit sehr gutem Englisch und
fließendem Französisch

Kennziffer: ZDFM000490-DE

Foto: www.hoffotografen.de

Kurzprofil Sabine Langner-Moos

- Industriekauffrau
- derzeit Ausbildung zur geprüften Betriebswirtin bsb
- 1 Jahr Assistentin der Vertriebsleitung
- 5 Jahre Sekretärin der Vertriebsleitung Westeuropa
- 3 Jahre Teamsekretärin Vertrieb Westeuropa
- sehr gute Englischkenntnisse (C1)
- perfekte Französischkenntnisse (2. Muttersprache,
  Vater Franzose)
- perfekt in Word, Excel und Powerpoint
- Schnell: 350 Anschläge/Minute
- organisationsstark, flexibel, zuverlässig und loyal

Susanne Langner-Moos I Heidekoppel 7a I 23456 Eckernhut I Tel. 0123-1234455 I
E-Mail: susanne.langnermoos@web.de

Lebenslauf

Persönliche Daten

- geboren am 2.9.1970 in Frankfurt

Berufliche Stationen

Seit 10/2009	aktive Suche nach einer Teilzeitstelle im Sekretariat parallel dazu Kurs „geprüfte Betriebswirtin bsb" (12 Monate berufsbegleitend)
9/2005 bis 9/2009	Familienmanagement • Zwei 8-wöchige Aufenthalte in Italien zur Verbesserung der Sprachkenntnisse • Sprachkurs in Englisch und Verbesserung des Levels von B2 auf C1 • Excel-Kurs für Profis (vier Wochen Abendkurs) • U.v.a.m.
7/2000 bis 8/2005	Sekretärin der Vertriebsleitung Westeuropa bei der International Service AG, Frankfurt (5.000 Mitarbeiter weltweit) Aufgabenschwerpunkte: • Allgemeine Sekretariatsaufgaben • Terminkoordinierung für den Leiter und stellvertretenden Leiter Vertrieb Westeuropa • Allgemeiner Telefondienst • Unterstützung des Vertriebs bei Kundenbetreuung, Rechnungsstellung, Mahnwesen etc. • Vor- und Nachbereitung von Besprechungen und Präsentationen
7/1996 bis 7/2000	Erziehungsurlaub • In dieser Zeit: 5 Urlaubsvertretungen à 14 Tage bei der International Service AG • Erwerb verschiedener Zertifikate in Business Englisch (z.B. Cambridge Certificate) • Diverse 2- bis 4-wöchige Aufenthalte in Frankreich • Erlernen der italienischen Sprache
10/1991 bis 12/1994	Teamsekretärin in der Abteilung Personal bei der International Service AG • Allgemeine Büroarbeiten für drei Personalreferenten • Mitarbeit bei Projekten, z.B. Organisation von Mitarbeiterbefragungen

Susanne Langner-Moos | Heidekoppel 7a | 23456 Eckernhut | Tel. 0123-1234455 |
E-Mail: susanne.langnermoos@web.de

10/1988 bis 10/1991	Lehre zur Industriekauffrau bei der International Service AG
	• Abschluss als Industriekauffrau (IHK)
1991	Abitur am Albert Schweitzer-Gymnasium in Frankfurt

Sprachen

Englisch	sehr gut in Wort und Schrift (C1)
Französisch	selbstständige, kompetente Sprachverwendung (C2)
Italienisch	gut in Wort und Schrift (A2)

Computerkenntnisse

Anschläge	350 / Minute
MS Office-Paket	Word, Excel und Powerpoint perfekt, Access gut
Outlook	sehr gut
Lotus Notes	gut
Internet	sehr gute allgemeine Anwender-Kenntnisse, sehr guter Überblick über nützliche Web-Seiten fürs Büro

Weiterbildung

1999	Telefontraining für Sekretärinnen (3 Tage Inhouse bei der International Service AG)
1997	English School, Frankfurt: Cambridge Certificate of Business English I und II
1997-1998	Kurse in Italienisch der Stufen 1 (Einsteiger) bis 4 (Fortgeschritten 2) an der Italian School, Frankfurt

Freizeitinteressen

Sport	Aerobic, Pilates, Laufen
Lesen	alles, gern auch Wirtschaftssachbücher
Reisen	vor allem nach Frankreich

Frankfurt, 17.06.2009

Sarah Müller – Profil

Wagnerstr. 5 – 22345 Klein Hansdorf – E-Mail: sarah-mueller@familiemueller.de

Berufliches Ziel

- Tätigkeit als Aushilfe für den Buchhandel in Teilzeit (10-20 Stunden)
- Gern auch Einsatz auch an Samstagen und nach 18 Uhr!

Zusammenfassung Lebenslauf

- Studium der Religionswissenschaften fast abgeschlossen (nur die Magisterarbeit steht aus – irgendwann wird das nachgeholt!)
- Zwei Jahre Berufserfahrung als Teilzeit-Schreibkraft in einem Versicherungsbüro (Rechnungen schreiben, Telefondienst)
- Dreijähriger Familien-Auslandsaufenthalt in China und Indonesien
- Umfangreiche Kenntnisse des Buchmarkts aufgrund des eigenen Interesses und durch ehrenamtliche Betreuung der Kindergarten- und Schulbüchereien (seit 5 Jahren)

Fachliche Kompetenzen

- Fließendes und fast-muttersprachliches Englisch - **ideal für den Einsatz in der Abteilung „English Books"**
- Sehr gute und aktuelle Kenntnisse in den Programmen Word und Excel – **deshalb gute Eignung für Backoffice-Tätigkeiten**

Persönliche Kompetenzen

- Freundliches und kundenorientiertes Wesen
- Dienstleistungsorientierung mit der Fähigkeit auf Kunden zu- und einzugehen
- Geduld und die Fähigkeit auch in turbulenten Phasen die Ruhe zu bewahren
- Verlässlichkeit und Zuverlässigkeit

Was sonst noch wichtig ist

- Ich bin bereit, auch Urlaubsvertretungen zu übernehmen.
- Ich bin sehr geübt im Verpacken von Geschenken.
- Meine Kinder sind 10 und 11 Jahre alt – und können auch mal allein zu Hause bleiben.

Interessiert?

Kontaktieren Sie mich unter 0173-4554666565. Ich komme gern und unverbindlich bei Ihnen vorbei. Lernen Sie mich persönlich kennen. Dann können wir gemeinsam sehen, ob wir zusammen passen und welche Einsatzmöglichkeiten es gibt. Ich freue mich.

Sarah Müller

MICHAELA KOCH

ERFOLGSSTRASSE 17/6 4021 AM ZIEL
+49 (0) 69 / 12 12 12 12 MICHAELA.KOCH@KARRIEREWEG.ORG

GEBOREN 2. OKTOBER 1967

STUDIUM + AUSBILDUNG

10/2001 – 4/2009	**Studium der Soziologie (Note 1,4)** an der Karl-Hans Universität Frankfurt *Abschluss als Diplom-Soziologin* • Diplomarbeit zum Thema „Die gesellschaftliche Entwicklung der Unterschichten in Deutschland" (1,0)
6/1999 – 5/2001	Besuch der Wirtschaftsoberschule, Stuttgart (Abschluss **Abitur** 1,7)
8/1991 – 10/1994	abgeschlossene Ausbildung zur **Restaurantfachfrau** im Restaurant Urlaubsatt, Bad Weitweg • Gewinnerin der Goldmedaille beim niederbayerischen Lehrlingswettbewerb / Insgesamt 10 Mal „Bedienung des Monats"
6/1991	Realschulabschluss, Meinau-Realschule Stuttgart

BERUFSPRAXIS

Seit 5/2005	**Bürokraft** bei der Familienbildungsstätte, Am Ziel • Erstellung des Seminarkalenders • Beantworten von Anfragen • Evaluierung von Veranstaltungen
11/1994– 10/2001	**Familienmanagement** und **verschiedene Nebentätigkeiten**, Am Ziel • Sechsjährige hauptamtliche Sorge dafür, dass zwei Söhne die Vorschulzeit glücklich und zufrieden erleben • Ehrenamtliche Unterstützung von Migrantenfamilien bei Migration e.V. • PR-Arbeit für das Autohaus Kocher in Bad Homburg • Beratung von Nachbarn bei den üblichen Streitigkeiten um auffällige oder störende Gartenbewachsungen (Erfolg: unsere Straße ist streitfreie Zone seit mehr als 15 Jahren)

IT-KENNTNISSE

MS-Word	sehr gut
MS Powerpoint	sehr gut, inklusive Präsentationsdurchführung
MS Excel	fortgeschritten, Erstellen von Formeln und Abfragen
SPSS	gut

SPRACHEN

Englisch	Niveau B2 (fließende Verständigung)
Finnisch	Grundkenntnisse

INTERESSEN

Lesen, Schwimmen, Gitarre, Golf

Am Ziel, 01.02.2010

Es gibt verschiedene Möglichkeiten, als Wiedereinsteiger einen Lebenslauf aufzubereiten – abhängig davon, wie viel oder wenig Berufserfahrung er hergibt und wie lange die Zeiträume ohne Arbeitgeber sind. So haben nicht wenige Frauen fünf, zehn oder sogar 15 undokumentierte Jahre im Lebenslauf, in denen sie für die Familie zuständig waren. Je länger diese Zeit ist, desto mehr spricht dafür, vom klassischen Lebenslauf abzukehren und stattdessen ein Profil auf einer Seite anzulegen, das Erfahrungen und Kenntnisse zusammenfasst. So ein Profil, wie auf Seite 234 abgebildet, kann den Lebenslauf ergänzen oder ihn komplett ersetzen. Dieses Profil kann die persönliche Akquise von passenden Stellen unterstützen. Beispiel: Eine Bewerberin möchte nach der Familienpause im Buchhandel neu beginnen. Sie hat keine Ausbildung und nur ein abgebrochenes Studium. Statt Lebenslaufdaten listet sie ihre Kenntnisse und Einsatzmöglichkeiten auf. Ideal, wenn Sie das Profil nicht einfach verschickt, sondern persönlich vorbei bringt und dann zur Erinnerung in den Buchläden hinterlässt. So etwas funktioniert überall dort gut, wo sich Besitzer persönlich ansprechen lassen und Bewerber mit ihrem Auftreten punkten können. Sie können auch alle Ihre Bekannten bitten, ein allgemeiner gehaltenes Profil per Mail weiterzuleiten. Darauf steht dann zum Beispiel, dass Sie einen Bürojob auf 20-Stundenbasis suchen und was Sie können.

Eine andere Alternative liegt darin, „Lücken" mit Einfallsreichtum zu füllen wie auf Seite 235. Im dortigen Lebenslauf, knapp auf einer Seite, beschreibt die Bewerberin offensiv, dass sie sechs Jahre nur für die Kinder da war. Entscheiden Sie, wie Sie mit dem Thema „schriftliche Darstellung" umgehen und lassen Sie sich gegebenenfalls beraten. Wenn Sie sich bewerben, setzen Sie vor allem auf persönliche Kontakte. Die sind immer der wichtigste Bewerbungshelfer, erst recht für Wiedereinsteiger. Sollten Sie sich auf Stelleninserate beziehen, machen Sie sich eine Erfolgskontrolle zum Prinzip. Folgt auf zwanzig Bewerbungen nicht mindestens eine Einladung, stimmt etwas nicht mit der

Strategie (passen die Stellen? Ist der Bewerbungsweg der richtige?), Qualifikation (können Sie genug?) oder/und der Aufbereitung und dem Inhalt Ihrer Unterlagen.

TIPP:
Weitere Muster finden Sie zum kostenpflichtigen Download unter www.karriereshop.com.

Wiedereinsteigeranschreiben

Ein gutes Anschreiben liefert dem Unternehmen die richtigen Argumente, warum es Sie einstellen oder zumindest doch kennenlernen sollte. In erster Linie geht es also darum, darzulegen, was Sie dem Unternehmen bieten können. Verstehen Sie Ihr Anschreiben deshalb als individuelles Angebot und Produktbeschreibung. Details des Produkts liefert der Lebenslauf – das Anschreiben muss vor allem verkaufen.

Verabschieden Sie sich deshalb von der „Ich-Perspektive" und denken Sie beim Schreiben vor allem an das „Sie", Ihren Leser, das Unternehmen. Stellen Sie sich dessen Bedürfnisse möglichst konkret vor und formulieren Sie Argumente, die auf diese Bedürfnisse zugeschnitten sind. Das Hauptbedürfnis ist es dabei, einen Bewerber zu finden, der optimal zur Stelle und zum Unternehmen passt, damit beispielsweise ein bestimmtes Vorhaben gelingen kann. Selbstverständlich gehören auch soziale Fähigkeiten dazu, die Sie zum Beispiel in der Elternzeit erlernt oder verbessert haben. Allerdings: Außer über Netzwerke wird niemand nur eingestellt, weil er oder sie nett ist. Den Schwerpunkt muss die fachliche Argumentation bilden.

Sehr viele Anzeigen sind derart beliebig und unspezifisch formuliert, dass das individuelle Eingehen auf die Anforderungen schwerfällt. Hier hilft in der Regel nur eines: Nachfragen, am besten per Telefon. Viele

Bewerber sehen sich als Bittsteller und trauen sich nicht. Das sind Sie aber nicht. Sie haben ein berechtigtes Interesse daran, möglichst viel über diese Ausschreibung zu erfahren, denn nur dann können Sie ein vernünftiges Angebot machen. Wer mit diesem Ansatz in Gespräche geht, wird selbstbewusster und hartnäckiger Antworten auf seine Fragen fordern können – was einer Bewerbung immer guttut.

Riskieren Sie dabei ruhig, mit Ihrem Anruf „auf die Nerven zu gehen". Dies ist, wenn überhaupt, meist nur der Erste-Moment-Effekt. Natürlich kann es passieren, dass jeder Anrufer stört, wenn ohnehin schon ein Berg von 300 Bewerbungen viel zu viel Arbeit verheißt. Sie selbst wären vielleicht auch genervt. Aber würden Sie nicht sogleich umschwenken, wenn sich während des Gesprächs herausstellt, dass der Anrufer Ihnen eine interessante Offerte machen kann? Wenn er signalisiert, dass sie oder er anders, besser, spezieller ist?

Anschreiben texten

Die beste Vorbereitung auf das Texten des Anschreibens liegt darin, sich die eigenen Eckdaten bewusst zu machen. Schreiben Sie eine Produktinformation über sich selbst! Produktinformationen haben die Aufgabe, unterschiedliche Stellen über ein neues Produkt zu informieren. Deshalb müssen Sie alle wichtigen Fakten beinhalten und gleichzeitig werbewirksam formuliert sein. Sie enthalten auch Aussagen über die wichtigsten „Verkaufsargumente".

Mein Alleinstellungsmerkmal: Was unterscheidet mich vom Wettbewerb?

_____

_____

Warum sollte ein Unternehmen mich einstellen und nicht die Mitbewerber?

_____

_____

Was ist mein wichtigster Qualitätsbeweis? Das können Abschlüsse sein, aber auch Referenzen von ehemaligen Chefs oder auch Fortbildungen und Erfahrungen.

_____

_____

Welche früheren Berufstätigkeiten sind am wichtigsten für mein Anschreiben?

_____

_____

Was waren berufliche Erfolge in meinem Leben, die zeigen, dass ich auch in der neuen Aufgabe erfolgreich sein werde?

_____

_____

Welches sind meine sonstigen Leistungsdaten? Wie viele Jahre Berufserfahrung habe ich? Welche Sprachen spreche ich?

_____

_____

Welches sind meine persönlichen Trumpfkarten? Was macht mich als Mensch aus?

_____

_____

Schreiben Sie so natürlich wie möglich – so wie Sie auch sprechen würden. Wenn Sie Schwierigkeiten dabei haben, lassen Sie sich Ihr Anschreiben erstellen. Manchmal sehen Sie selbst den Wald vor lauter Bäumen nicht, den ein anderer deutlich erkennt. Insgesamt sollte Ihr Text übrigens maximal 2 500 Zeichen lang sein – kürzer wirkt oft besser.

Die Formalien

Zuletzt zu den Formsachen – wie ist ein Anschreiben aufgebaut und was muss es enthalten? Die folgenden Punkte gelten übrigens sowohl für E-Mail-PDFs als auch für Briefe:

- Der Absender – alle Kontaktdaten!
- Der Empfänger: bitte nach der Abteilungsbezeichnung (z. B. „Human Resources") fragen
- Vor- und Nachnamen nennen, Titel nicht vergessen (vor allem in Österreich sehr wichtig – hier nennt man sogar einen „Magister"!)
- Das Datum, z. B. 03.10.2009, 3. Oktober 2009 – Sie haben die Wahl: entweder rechts oder über den Betreff setzen. Kein „den" vor den Ort.
- Der Betreff: Schreiben, worauf Sie sich beziehen, aber ohne „betr."
- Die persönliche Ansprache „Sehr geehrter NAME", …
- Der erste Satz muss fesseln (überraschen Sie, keine Ich-Perspektive, denken Sie an den Leser!).
- Einer der folgenden Abschnitte muss darlegen: Warum bewerbe ich mich? (Motivation konkret erklären!)
- Nicht minder wichtig ist die prägnante „Produktinformation".
- Ohne Grußformel („Mit freundlichen Grüßen") geht gar nichts! Aber bitte kein „verbleibe ich mit" – das ist ein Stil von anno pief. Ebenso out ist ein „gez." für „gezeichnet".

Das Wichtigste zur E-Mail-Bewerbung

Der Anteil der E-Mail-Bewerbungen steigt ständig. Die Autorin dieses Buches, Svenja Hofert, hat dazu in den letzten zehn Jahren mehrere Bücher verfasst. Wir beschränken uns hier deshalb nur auf die wichtigsten, zusammenfassenden Infos und verweisen für Details auf den humboldt-Bestseller „Stellensuche und Bewerbung im Internet".

- Richtige E-Mail-Adresse wählen (vorname.nachname@)
- Bewerbung immer als PDF schicken (gibt es kostenlos, z. B. unter www.freepdf.de)
- Anschreiben unbedingt auch als PDF mitsenden!

- Maximal zwei Anhänge (1 x Anschreiben und Lebenslauf und 1 x Zeugnisse, gern auch alles in ein PDF).
- Verkürzte Form des Anschreibens in die E-Mail setzen (damit kommt es auf jeden Fall gut an!).
- Betreffzeile sinnvoll ausfüllen, z. B. mit „Bewerbung – unser Telefonat vom Soundsovielten").
- Anhänge gesamt nicht mehr als 3 MByte!
- Eingangsbestätigung abwarten, falls diese nicht kommt, nach spätestens einer Woche nachfragen!

Weitere Unterlagen und die Mappe

Sie senden Ihre Bewerbung an eine Behörde oder ein kleineres Unternehmen? Bisweilen ist dann immer noch eine Mappe gefragt. Wählen Sie hier eine einfache Pappmappe oder Klarsicht – die Personaler werden es Ihnen danken, denn Durchsicht ist sehr beliebt, weil praktisch (man sieht, was drin ist). Das Anschreiben legen Sie oben drauf.

Die weiteren Anlagen ordnen Sie in der Reihe des Lebenslaufs, also erst die Berufserfahrungen rückwärts und dann die Ausbildungsnachweise bis zum höchsten Abschluss. Normalerweise reicht es, wenn die letzten zehn Jahre dokumentiert sind. Lassen Sie sich keine grauen Haare wachsen, wenn Sie für eine Tätigkeit einmal kein Zeugnis haben. Wenn es sich noch anfordern lässt – wunderbar. Und wenn nicht, ist das eben so. Vielleicht gibt es als Ersatz eine Referenz von einer Person, die Sie aus der damaligen Zeit noch kennt und Gutes über Sie sagen oder auch schreiben kann. So etwas kann dann durchaus der Bewerbung beigelegt werden.

- Weiterbildungsnachweise sind ebenfalls sinnvoll, allerdings nicht jeder Ein-Tages-VHS-Kurs, sondern die längeren.
- Arbeitsproben helfen in kreativen Bereichen, etwa der schreibenden oder gestaltenden Zunft.

Gerade Quereinsteiger können sich auch kreative Dinge einfallen lassen, die belegen, dass Sie sich für eine Branche oder einen Job eignen,

Claudia Bildermann

Hamburger Weg 193 | 29988 Hamburg | mobil 0123 123 45 67 | claudia@claudia.de

Schaffweg GmbH
Human Resources
Sven Müller
Nirgendwostraße 83
09876 Überall

Hamburg, 10. Februar 2010

Initiativ-Bewerbung als Chefin vom Dienst in Teilzeit

Sehr geehrter Herr Müller,

von meiner Freundin Karin Krüger habe ich erfahren, dass bei Ihnen eine neue halbe Stelle als Assistentin der Geschäftsleitung geschaffen werden wird. Die Schaffweg GmbH ist mir über Frau Krüger bestens bekannt. Frau Krüger weiß nur Gutes über Ihr Unternehmen zu berichten, auch in Bezug auf Ihre ausgewiesene Familienfreundlichkeit. Ein Neustart mit zunächst 20 Stunden wäre für mich der ideale Einstieg.

An fünf Jahre als Teamsekretärin und Marketingassistentin schloss sich eine kurze Familienzeit an, in der ich in der Schreinerei meines Partners zeitweise mit 10 Stunden in der Woche die Buchhaltung und alles Organisatorische erledigte. Das war wichtig, um Kenntnisse aktuell zu halten und zu erweitern, ist mir auf Dauer aber zu wenig: Ich möchte meine ausgeprägten Planungs- und Organisationsfähigkeiten intensiver einsetzen und vor allem auch wieder in einem Team eingebunden sein. Gerade die Möglichkeit, Veranstaltungen zu planen und eigenständig Projekte zu übernehmen, ist für mich verlockend. Ebenso freut mich, dass ich bei Ihnen die in der Familienzeit erheblich ausgebauten Englisch- und die sehr guten EDV-Kenntnisse – gerade auch in Excel – endlich anwenden kann.

Während der Tätigkeit für die Schreinerei habe ich meine Buchhaltungskenntnisse ausgebaut und bin nun versiert in allen vorbereitenden Arbeiten. Ich traue mir deshalb absolut zu, das Aufgabengebiet der vorbereitenden Buchhaltung zu übernehmen. Da die Koordination der Außendienst-Reisen, die Terminplanung und die Organisation von Kundenveranstaltungen zu meinen früheren Aufgaben gehörten, ist dies für mich eine „leichte Übung". Meine Events waren stets sehr professionell geplant und erhielten viel positiven Zuspruch.

Für ein unverbindliches Kennenlernen komme ich jederzeit gern in Ihr Haus.

Mit freundlichen Grüßen

Claudia Bildermann

für den Sie eigentlich nicht qualifiziert sind. Vielleicht schreiben Sie als angehende Maklerin als „Arbeitsprobe" ein aussagekräftiges Exposé zu sich selbst oder liefern charmante Verbesserungsvorschläge für die Internetpräsenz. Je weiter weg Sie von Ihrem Ursprungsbereich sind, desto mehr müssen Sie sich etwas einfallen lassen – oder/ und Kontakte aufbauen.

Das Vorstellungsgespräch

Da ist es: das Schreiben mit der Terminbestätigung. Noch eine oder zwei oder vielleicht vier Wochen heißt es nun warten – während Ihnen einige Fragen durch den Kopf schießen:

- Wie viele andere Bewerber werden wohl noch eingeladen worden sein?
- Wer wird mein Gesprächspartner sein?
- Wird man mich auf die Kinderbetreuung ansprechen?
- Wie stopfe ich die Lücken im Lebenslauf mit guten Argumenten?
- Mit welchen Fragen muss ich rechnen?
- Ob ich wohl die richtigen Antworten gebe?
- Wie verkaufe ich mich optimal?

Freuen Sie sich erst einmal über den Termin. Fast jeder Bewerber hat eine kleine oder große Lücke, einen kleinen oder großen „Makel" im Lebenslauf. Sie stehen mit Sicherheit nicht alleine da. Die perfekten Bewerber mit den Einser-Noten, Toppraktika und Schnellstudium sind die Ausnahme. Sie wären nicht eingeladen worden, wenn Sie für das Unternehmen nicht interessant genug wären. Wenn Sie eine Erziehungszeit im Lebenslauf thematisiert haben, scheint auch das kein Thema zu sein. Jetzt geht es nur darum, Fragen zu beantworten. Aber bitte keine Details zu Erziehung, sondern nur kurz und sachlich darauf hinweisen, welche Kompetenzen Sie in dieser Zeit erworben haben.

Gehen Sie offensiv und positiv mit Lücken um. Das Wichtigste ist, dass Sie selbst nicht unsicher (und wenn doch: nicht anmerken lassen!) und in Ihren Antworten klar sind. Stehen Sie zu längeren Auslandsaufenthalten (wichtig für Ihre „interkulturelle Erfahrung"), zu Erwerbslosigkeit (Zeit für Weiterbildungen genutzt) und Erziehungsurlaub oder Elternzeit (wichtige zwischenmenschliche Fähigkeiten dazugelernt und Organisationsgeschick trainiert). Rechtfertigen Sie sich niemals für irgendetwas – auch nicht bei Provokationen wie „Sie haben aber einen chaotischen Lebenslauf". Sagen Sie darauf etwa: „Finden Sie? Ich sehe ihn als sehr spannend und abwechslungsreich an. Meine in den unterschiedlichen Tätigkeiten erworbenen Kenntnisse werden Ihnen sehr nützlich bei … sein." Betonen Sie das Wichtige – und das ist nicht die Lücke, sondern die Berufserfahrung und Kenntnisse aus Aus- und Weiterbildung.

Das typische Vorstellungsgespräch gliedert sich in mehrere Teile. Es beginnt mit dem Small Talk. Hier geht es darum, erst einmal eine angenehme Atmosphäre zu schaffen. In den ersten Minuten entscheidet sich, ob ein Sympathiefunke überspringt oder nicht.

Nach dem Small Talk konzentriert sich die Runde vermutlich erst einmal auf Sie, vielleicht nach einer Selbstdarstellung des Unternehmens. Sehr wahrscheinlich werden Sie aufgefordert, von sich zu erzählen. Dies ist Ihre Chance, denn diesen Monolog können Sie wunderbar vorbereiten! Drei bis fünf Minuten sollte er dauern und alle wichtigen Meilensteine umfassen. Aber: Nur die Infos, die relevant sind für Ihre Einstellung, darin liegt die Kunst! Gerade diese Passage lässt sich sehr gut vorbereiten. Und sie ist so wichtig!

Danach stellen Ihnen Ihre Gesprächspartner gezielte Fragen zu Ihrem Lebenslauf, der fachlichen Qualifikation, der letzten Position und versuchen auch, einen Eindruck von Ihrer Persönlichkeit zu gewinnen. Zuletzt berichtet das Unternehmen aus seiner Perspektive, stellt die offene Position vor und lüftet vielleicht auch eigene Pläne. Üblich ist am Schluss eine Aufforderung an Sie, Ihre Fragen zu Unternehmen und Position zu stellen.

Überlegen Sie sich dazu drei möglichst offene Fragen, die die Website nicht beantwortet. Stellen Sie sich weiterhin auf ein ganz normales

Gespräch ein. Es gibt zwar typische Fragen, aber diese werden immer seltener. Gleichwohl ist es wichtig, sich darauf vorzubereiten. Wenn Sie über Ihre Stärken konkret nachgedacht und sich Beispiele überlegt haben, können Sie auch auf ähnliche Fragen leichter antworten. Gerade deshalb ist es so wichtig, ehrliche und authentische Antworten vorzubereiten. Beachten Sie dabei:

- Immer Beispiele verwenden. Was haben Sie gemacht, getan, bewirkt, geschafft, erledigt, geleistet?
- Immer konkret. Namen und konkrete Geschichten merkt man sich besser als abstrakte Darstellungen.
- Immer positiv. Die Kunst des Verkaufens ist die Kunst, Dinge zu betonen und andere nicht zu erwähnen.

Die typischen Fragen

- Erzählen Sie doch mal von sich!
- Warum möchten Sie bei uns arbeiten?
- Wo sehen Sie sich in fünf Jahren?
- Was sind Ihre größten Stärken?
- Was sind Ihre größten Schwächen?
- Was möchten Sie nie mehr erleben?
- Was hat Sie am meisten in Ihrem Leben beeinflusst?
- Nennen Sie Ihren größten Erfolg!
- Was war Ihr größter Misserfolg?
- Welches Buch lesen Sie gerade?

Überlegen Sie sich vorher Antworten auf solche Fragen und bitte lernen Sie sie nicht auswendig. Antworten Sie positiv, ohne Verneinungen, Füllwörter und „man"-Satzbauten. Aktive Ausdrücke (Verben) sind hier wie in der Bewerbung besser als passive. Fragen stellen ist sympathisch und erlaubt. Falls Sie mit spontanen Antworten Schwierigkeiten haben, üben Sie Ihre Schlagfertigkeit. Ideal ist nach längerer Berufspause ein Videocoaching, wie es die Autorin Svenja Hofert anbietet.

Tipps, wie Sie sich im Vorstellungsgespräch gut verkaufen:

- Antworten Sie positiv und optimistisch. Vermeiden Sie umgekehrt negative Ausdrücke wie „Problem", „nein", „nicht", „unmöglich".
- Bauen Sie Ihre Argumentation aus der Nutzen-Perspektive des Unternehmens auf. Was bringen Sie dem Unternehmen? Warum profitiert es von Ihnen, Ihrer Persönlichkeit, Ihrer Erfahrung, Ihren Branchenkenntnissen und Ihrem Fachwissen?
- Vermeiden Sie zu stark ichbezogene Äußerungen. Beispiel: Ihre Gehaltsvorstellungen argumentieren Sie nicht mit dem Reihenhaus, das Sie abbezahlen müssen, sondern mit Ihrem Fachwissen und Ihrer Berufserfahrung.
- Reagieren Sie flexibel und situativ. Was erwartet der Gesprächspartner?
- Schwindeln Sie nicht. Sagen Sie, was Sie können – und nennen Sie unter Umständen lieber Grenzen, als Kenntnisse vorzuspielen, die nicht da sind. Auch die „berühmten" Schwächen sollten nachvollziehbar sein und auf echten Schwächen beruhen. Aber während Sie Stärken ausführlich beschreiben können, erwähnen Sie Schwächen nur kurz – und beschreiben sie bitte nicht bildlich, da sich das besonders einprägt.

In großer Runde – typisch beispielsweise für Behörden – schauen Sie alle Teilnehmer an. Lassen Sie Ihren Blick auch mal wandern. Konzentrieren Sie sich dabei aber auf den jeweiligen Gesprächspartner.

Was soll ich nur anziehen?

„Den schwarzen Anzug oder doch lieber einen Rock? Ich kann mich einfach nicht entscheiden!" Schauen Sie sich erst einmal in der Branche um, in der Sie sich bewerben. Es gibt überall einen ungeschriebenen Kleidungskodex. Versicherungen, Banken und Unternehmensberatungen beispielsweise gelten als konservativ. Hier sind Anzüge für Männer und Hosenanzüge oder Kostüme für Frauen eine gute Wahl. Wählen Sie gedeckte Farben wie beige, grau, blau oder ein dunkles Rot. Schwarz kann sehr hart wirken.

Auch bei Bewerbungen in modernerem Umfeld sollten Sie vorsichtig mit zu viel Farbe sein. Ein grelles Grün zieht alle Blicke auf sich und ist schon von daher kaum zu empfehlen. Allerdings gilt hier wie überall: Keine Regel ohne Ausnahme.

Tipps zum Outfit

- Kleiden Sie sich der Branche angemessen.
- Wählen Sie lieber gedeckte Töne als schrille Farben.
- Keine großen Klunker oder protzigen Schmuck. Der Schmuck sollte auch nicht zu billig aussehen.
- Keine großen Muster!
- Ziehen Sie etwas an, in dem Sie sich wohlfühlen. Businesslike sollte es aber sein!
- Treten Sie gepflegt auf. Viele Menschen schauen als Erstes auf die Fingernägel (feilen!) oder die Schuhe (putzen!).
- Wählen Sie eine dezente Duftnote und nebeln Sie sich nicht ein. Nehmen Sie lieber teure Duftnoten mit einer schönen, langanhaltenden Note.

Frauenfragen

Private Fragen sind seltener geworden, aber der eine oder andere Chef lässt sich immer noch hinreißen und fragt nach dem Partner, der Kinderbetreuung oder einer Schwangerschaft. Steht im Lebenslauf nichts zu diesen Themengebieten, sinkt die Wahrscheinlichkeit für solche Fragen – auch das spricht nebenbei gesagt dafür, auf private Infos zu verzichten.

Wichtig für Sie zu wissen ist, dass Sie nicht ehrlich auf Fragen nach Schwangerschaft oder Kinderwunsch antworten müssen. Ehrlichkeit wird bei solchen Fragen so gut wie nie belohnt. Wir finden das nicht gut – aber die Realität ist einfach so. Kaum jemand stellt eine Frau ein, deren Familienplanung noch nicht abgeschlossen ist. Niemand reißt sich um eine Mutter, die drei kleine Kinder hat, die ständig krank sind. Nein, der Arbeitgeber will wissen, dass Sie alles im Griff haben und bestens organisiert sind. Er braucht Vertrauen. Ihr Job im Vorstellungsgespräch ist, dies zu vermitteln.

Sagen Sie auf die Frage nach dem (weiteren) Kinderwunsch Dinge wie „Mir geht es um den Einstieg in diesem Beruf. Das ist mir sehr wichtig. Mit dieser Frage habe ich mich nicht beschäftigt." Über Ihre Betreuungssituation sollten Sie besser auch nicht allzu viel verraten. Es ist geregelt. Punkt. Lassen Sie erkennen, dass Sie ein Profi sind und sicherstellen, dass Sie Ihre Arbeit gut machen werden und auch zu den gewünschten Zeiten da sind. Auf Provokationen gehen Sie nicht ein. Man hätte Sie nicht eingeladen, wenn Ihr Lebenslauf nicht interessant wäre. Wenn Ihr Gesprächspartner dann Aussagen fallen lässt wie „Wir glauben nicht, dass Sie Kind und Beruf vereinbaren können", gehen Sie nicht scharf dagegen, sondern fragen „Mich interessiert, wie Sie zu dieser eindeutig falschen Einschätzung kommen?" Provokationen haben nur einen Zweck: Sie zu testen. Beginnen Sie sich zu rechtfertigen? Werden Sie nervös und unsicher? Nein – Sie bleiben cool und locker. Das ist die Grundregel. Den Rest bekommen Sie mit Ihrer Authentizität und Empathie schon hin – viel Erfolg!

Wenn Sie im Lebenslauf keine Angaben zu Familienstand und Kindern gemacht haben, fragen Sie sich sicher, wie Sie im Vorstellungsgespräch damit umgehen. Tatsache ist, dass Sie sehr oft gar nicht gefragt werden, vor allem bei größeren Unternehmen nicht. Eventuell kommt jedoch ein Personalfragebogen noch einmal darauf zu sprechen, der mit dem Arbeitsvertrag ausgehändigt wird. Hier ist die Frage nach Familienstand und Kindern nach derzeitigem Rechtsstand zulässig. Sie sollten ehrlich darauf antworten. Es handelt sich hier jedoch um eine Formalie, zumal oft unter Aufsicht des Betriebsrats. Auf die Einstellung wird dies keinen Einfluss mehr haben.

Ob Sie selbst das Gespräch auf Ihre Kinder bringen, hängt davon ab, ob diese sie beruflich relevant einschränken. Wenn Sie dies sicher mit „nein" beantworten können, ist es kein Vorstellungsgesprächsthema, es sei denn Sie werden darauf angesprochen. Auf die Frage „Haben Sie Kinder?" reicht dann ein „ja" und eventuell die Rückfrage „Sie auch?"

Wenn Sie durch Kinder nicht eingeschränkt sind, weil Sie beispielsweise durch die Kinder den Betrieb um 17 Uhr verlassen müssen und keine unangekündigte Überstunden machen können, muss es auf den Tisch. Auch in kleineren Betrieben, wo Sie sehr eng und vertrauensvoll-persönlich mit Kollegen und Chef arbeiten, empfehlen wir, einfließen zu lassen, dass Sie Kinder haben. Ohne Rechtfertigung, sachlich und so, dass klar wird: dies ist Ihre Privatsphäre. Job ist Job und Familie Familie.

Strategie bei Teilzeitwunsch

Zu guter Letzt noch ein Tipp: Wir empfehlen, sich trotz Teilzeitwunschs auf Vollzeitstellen zu bewerben und das Thema erst im Vorstellungsgespräch auf den Tisch zu bringen. Das muss generalstabsmäßig geplant sein. Überlegen Sie sich vorher, ob Sie Kompromisse eingehen können, zum Beispiel mit 30 Stunden einsteigen oder bei einem Home-Office-Tag die Woche doch auch Vollzeit arbeiten können. Da der Gesprächspartner Vollzeit erwartet, ist es an Ihnen, das Thema anzusprechen. Idealer Zeitpunkt ist dann, wenn Sie das Gefühl haben, dass man Sie bevorzugt und wahrscheinlich einstellen möchte. Ihr Gesprächspartner reagiert ablehnend? Füttern Sie ihn mit Argumenten. Es spricht doch viel für weniger Stunden, oder? Beispiel: Sie steigen zu einem niedrigeren Gehalt ein, arbeiten effizienter, sind motivierter. Trotzdem birgt die Strategie ein kleines Risiko, das wollen wir nicht verschweigen. Immer noch gibt es Arbeitgeber, die Teilzeit ablehnen. Überlegen Sie in dem Fall, ob Sie erst in den sauren Apfel beißen und Vollzeit einsteigen, um nach der Probezeit (also in weitgehender Sicherheit) um Reduzierung zu bitten. Dabei ist es sinnvoll, in der Zwischenzeit einen Nachweis zu führen, dass es ineffektive Arbeitszeiten gibt und die Firma wirklich profitieren würde, wenn Sie für diese „Leerzeiten" gar nicht erst bezahlen müsste. Auf diesem Ohr (Geld sparen) hören die meisten Arbeitgeber nämlich besonders gut.

Literatur

Bücher von Svenja Hofert:
Svenja Hofert: Bewerben ohne Bewerbung – Alternative Erfolgsstrategien in schwierigen Zeiten, 2005
Svenja Hofert: Papa ist die beste Mama – Ein Ratgeber zum Rollentausch, 2007
Svenja Hofert: Stellensuche und Bewerbung im Internet, 2010
Svenja Hofert: Praxisbuch Existenzgründung – Erfolgreich selbstständig werden und bleiben, 3. Auflage 2010
Svenja Hofert: Praxisbuch für Freiberufler, 2007
Svenja Hofert: 30 Minuten für das überzeugende Vorstellungsgespräch, 2008
Svenja Hofert: 30 Minuten für das erfolgreiche Bewerbungsanschreiben, 2008

Bücher von anderen, die wir gut fanden:
Barbara Eder: Existenzgründung für Frauen, 2007
Carola Kleinschmidt/Anne Otto: My Way – Wie Frauen erreichen, was wirklich zu ihnen passt, 2008
Ramona Jakob: Management Mama – Wie Sie Familie und Beruf erfolgreich unter einen Hut bekommen, 2008
Maren Lehky: Kind und Beruf. So funktioniert es, 2006
Karin Leppin/Konar Mutafoglu: Nebenbei selbstständig. Der Ratgeber für Selbstständige in Teilzeit, 2008

Broschüren, die Ihnen nützlich sind
Durchstarten – Familie und Beruf, www.arbeitsagentur.de
Merkblatt 18 – Frauen und Beruf, www.arbeitsagentur.de
DEKRA Arbeitsmarkt-Report 2009, Qualifikationsbedarfsanalyse auf der Basis von mehr als 8 500 Stellenangeboten, www.dekra-akademie.de

Elterngeld und Elternzeit, Das Bundeselterngeld und Elternzeitgesetz, Bundesministerium für Familie, Senioren, Frauen und Jugend, www.bmfsfj.de

Zeit für Zukunft – Ratgeber für Fernstudien an Fachhochschulen 2009

Zentralstelle für Fernstudien an Fachhochschulen, www.zfh.de

Studienhandbuch ILS Institut für Lernsysteme, www.ils.de

WIS – das bundesweite Weiterbildungsportal von IHK, DIHK und AHK, wis.ihk.de

Wichtige Links

- Bundesagentur für Arbeit (www.berufenet.arbeitsagentur.de)
- Weiterbildungsangebot der Arbeitsagentur (www.kursnet.arbeitsagentur.de)
- Perspektive Wiedereinstieg (www.perspektive-wiedereinstieg.de)
- Frauen machen Karriere (www.frauenmachenkarriere.de)

Register